KB273658

저속 노화, 컬러 푸드가 답이다

저속 노화, 컬러 푸드가 답이다

초판 1쇄 발행 2026년 1월 27일

글 탁상숙   펴낸이 김명희   편집 이은희   교정·교열 김지영   디자인 씨오디   마케팅 노수아

펴낸곳 다봄   등록 2011년 6월 15일 제2021-000136호
주소 서울시 마포구 토정로 222 한국출판콘텐츠센터 305호
전화 02-446-0120   팩스 0303-0948-0120
전자우편 dabombook@hanmail.net   인스타그램 instagram.com/dabom_books

ISBN 979-11-94148-52-4   03590

저속 노화,
컬러 푸드가 답이다

탁상숙 지음

다봄.

노화를 늦추고 암을 치유하는 영양소, 파이토케미컬을 먹어라

'세 살 버릇 여든까지 간다'는 속담이 있습니다. 저는 이 말을 '세 살 식습관 여든까지 간다'로 바꿔 말하고 싶습니다. 어릴 때 형성된 식습관이 평생 건강을 좌우할 수 있으며, 한번 굳어진 잘못된 습관을 바꾸는 것이 얼마나 어려운 일인지 경험을 통해 알게 되었기 때문입니다.

지난 20여 년 동안 파이토 식이요법을 공부하면서 암과 만성질환으로 고통받는 많은 분을 만났습니다. 그 과정에서 무엇을, 어떻게 먹어야 병으로부터 자유로워질 수 있을까 끊임없이 고민해 왔습니다. 제가 상담했던 한 50대 여성은 지인에게 사기를 당한 뒤 극심한 스트레스를 받았고, 결국 림프종 말기 진단을 받았습니다. 하지만 병원 치료와 함께 생활 습관과 식습관을 철저히 바꾸고 파이토 식이요법을 1년 가까이 꾸준히 실천한 결과, 지금은 완쾌되어 건강한 일상을 즐기고 있습니다.

반면 위암 말기 판정을 받은 한 젊은 남성은 항암 치료 중에도 일을 놓지 못하고 잠을 줄인 채 이전처럼 피자와 프라이드치킨을 먹었습니다. 뒤늦게 파이토 식이요법을 시작했지만 한 달도 실천하지 못하고 '암에 좋다'는 여러 방법을 찾아 방황하다가 결국 병원으로 돌아갔습니다. 이처럼 많은 환자와 만남을 통해 저는 현대 의학적 치료 이후 손상된 자연 치유력과 면역력을 얼마나 빨리 회복하느냐가 치유의 관건임을 깨달았습니다.

제가 만난 암 극복자들의 공통점은 스트레스에서 벗어나 자신의 치유력 회복에 모든 에너지를 집중했다는 점입니다. 그들은 하루 세 끼를 자연식으로 균형 있게 먹고, 천연 항암제 역할을 하는 파이토 수프와 파이토 주스를 1년 이상 꾸준히 섭취했습니다. 20여 가지 다양한 채소로 만든 파이토 식이요법을 실천하며 몸이 스스로 병과 싸울 수 있는 셀프힐링 파워를 되살린 것입니다.

암이나 고혈압, 당뇨 등 만성 퇴행성 질환에서 벗어나고 싶은가요? 그렇다면 지금부터라도 음식에 관한 생각을 바꿔야 합니다. 고단백 음식이나 특정 식품 몇 가지가 건강을 지켜 준다는 믿음에서 벗어나, 자연식품을 통해 균형 잡힌 영양을 섭취하고 다양한 색깔 채소와 과일을 충분히 먹는 습관이 필요합니다.

컬러 채소와 과일에 들어 있는 파이토케미컬이야말로 우리 몸을 치유하는 진정한 치유 영양소입니다. 가공되지 않은 자연의 먹거리를 골고루 먹고, 우리 주변에서 쉽게 구할 수 있는 색색 채소와 과일 속 천연 항암제이자 치유 물질인 파이토케미컬을 꾸준히 섭취하는 것이 암과 만성질환을 이겨 내는 길입니다.

노화의 속도를 늦추고, 만성질환에서 자유로워지기 위해서도 항산화 영양소인 파이토케미컬을 일상에서 자주 섭취해야 합니다. 노화를 완전히 피할 수는 없지만, 건강한 생활 습관과 식습관을 통해 그 속도를 늦출 수 있습니다. 특히 중년 이후에는 좀 더 의식적으로 실천하는 노력이 필요합니다. 지금부터라도 '느리게 나이 드는 습관'을 배우고 실천해 보시기 바랍니다.

저는 아직 파이토 식이요법을 접하지 못한 분들에게 이 식이요법을 통해 암과 만성질환의 두려움에서 벗어날 수 있다는 희망을 전하고자 이 책을 썼습니다. 이 책에는 현대인이 왜 아픈지, 왜 채소와 과일을 많이 먹어야 하는지, 그 속의 파이토케미컬이 우리의 건강에 어떤 영향을 미치는지 담았습니다. 또한 채소와 과일을 손쉽게 섭취할 수 있는 간단한 건강 요리법을 함께 소개하여, 이론에 머무르지 않고 생활 속에서 실천하도록 했습니다.

책에 실린 다양한 채소 주스와 스무디, 파이토 수프 레시피가 바쁜 현대인이 채소와 과일을 더 쉽게 먹을 수 있게 도움을 주었으면 합니다. 무엇보다 이 책을 통해 독자의 식탁이 건강하게 바뀌고, 그 결과 암과 만성질환에서 자유로워지기를 진심으로 바랍니다.

이 책의 파이토케미컬 관련 내용은 고故 한명학 뉴트리지넘 설립자님께 배운 지식을 토대로 구성했습니다. 늦은 나이에 학문의 길을 다시 열게 도와주신 정하숙 교수님과 인체를 통합적 시각으로 바라볼 수 있도록 지도해 주신 이거룡 교수님께 진심으로 감사드립니다. 책이 나오기까지 물심양면으로 함께해 준 남편 류동영 씨에게도 깊은 고마움을 전합니다.

2026년 1월

탁상숙

차례

Chapter / 0**6** **파이토 쿠킹**

PHYTOCHEMICAL

Chapter 01

현대인은 왜
이토록 아플까?

01 '아프다'는 것의 의미

우리는 몸에 통증을 느낄 때 비로소 '아프다'고 생각한다. 통증이 없으면 건강하다고 여기는 경우도 많다. 그러나 정말 그럴까? '아프다'는 것은 무엇을 의미하는가? 건강하던 몸속에 어떤 변화가 일어나 간이 나빠지고, 위장이 아프고, 암세포가 자라나는 것일까?

질병의 원인을 이해하려면 먼저 우리 몸이 어떻게 구성되어 있는지 알아야 한다. 예를 들어 '간이 나쁘다'고 할 때, 그 말이 정확히 무엇을 뜻하는지 알기 어렵다. 어떻게, 얼마나, 왜 나빠졌는지 구체적으로 알지 못하면 치료도 쉽지 않다. 의학적으로 간이 나빠졌다는 것은 간을 구성하는 세포가 병들었다는 뜻이다. 마찬가지로 위장이 쓰린 것은 위 세포가 약해졌다는 의미이고, 암이 생기는 것도 조직을 이루는 세포가 암세포로 변한 결과다.

인간 생명의 시작을 떠올려 보면 세포의 중요성이 더 분명해진다.

우리는 모두 하나의 세포, 즉 정자와 난자가 만나 만들어진 수정란에서 시작되었다. 이 하나의 세포가 분열을 거듭해 피부 세포, 위 세포, 간세포, 뇌 신경세포, 뼈세포 등으로 분화하면서 인간의 몸이 형성된다. 결국 세포는 생명의 기본 단위이자 활동의 출발점이며, 이 세포가 병들면 몸에 병이 생기고, 세포의 생명 활동이 멈추면 인간은 죽는다.

세포를 조금 더 들여다보면 하나의 세포는 세포막과 세포핵으로 이루어져 있고, 세포핵 속에는 23쌍의 염색체가 있다. 이 염색체 안에는 실처럼 꼬인 핵산DNA이 들어 있으며, 핵산이 모여 유전자를 이룬다. 유전자가 모여 염색체를 구성하고 유전자는 머리카락 색, 피부색, 체격 등 인간의 특성을 결정한다. 다시 말해 세포를 조종하는 것은 유전자이고, 몸이 병들었다는 것은 유전자가 망가졌다는 뜻이다.

그렇다면 유전자는 왜 망가질까? 유전자는 세포의 생명 에너지가 부족할 때 구조가 변형된다. 그 원인은 외부에서 들어오는 해로운 에너지다. 인간이 자연과 사랑 안에서 행복을 느끼듯 유전자도 그런 조건에서 안정감을 느낀다. 반대로 오염된 공기와 물, 나쁜 음식, 스트레스 등이 지속적으로 작용하면 유전자는 고통을 받는다. 고통이 오래되면 유전자는 차라리 기능을 멈추는 쪽을 택한다. 그 결과 세포가 손상되거나 죽고, 결국 병이 생긴다. 사고에 따른 외상을 제외한 질병은 대부분 유전자의 변질과 관련이 있다. 따라서 질병을 근본적으로 치유하려면 유전자 차원에서 접근해야 한다.

그렇다면 병든 유전자는 어떻게 회복될까? 유전자가 살맛 나는 환경, 즉 생명의 법칙에 따른 조건이 주어졌을 때다. 유전자가 좋아하는 생명 에너지가 외부에서 공급되면 유전자는 빠른 속도로 재생을 시작한다. 고무줄을 당길 때는 시간이 오래 걸리고 힘이 들지만, 놓는 순간 원래 상태로 돌아가는 것과 비슷한 원리다. 정상 세포의 유전자가 암세포로 바뀌기까지는 15년 이상 걸리지만, 회복되는 데는 몇 개월이면 충분하다. 회복 속도는 우리가 어떻게 살아가느냐에 따라 달라진다.

변질된 유전자는 재생될 뿐 아니라, 필요에 따라 잠들어 있던 유전자도 깨어날 수 있다. 예를 들어 술을 마시지 않던 사람이 술을 마시기 시작하면 알코올 분해 효소를 만드는 유전자가 활동을 시작한다. 반대로 활동의 필요성을 느끼지 못하는 유전자는 점점 기능을 멈춘다.

우리 몸을 구성하는 유전자는 약 100만 개에 이르지만, 활발히 활동하는 유전자는 10만 개 정도에 불과하다. 나머지 90만 개는 비활성 상태다. 이 중에는 알코올 분해 효소를 만드는 유전자처럼 평생 활동할 필요가 없는 유전자도 있지만, 건강한 삶에 필요한데 잠들어 있는 유전자도 있다.

필요한 유전자가 활동하지 않으면 어떻게 될까? 영양소의 균형을 조절하거나 병균을 막는 역할을 하는 유전자가 제 기능을 하지 않으면 병에 걸린다. 따라서 병을 치유하는 핵심은 활동하지 않는 유전자를 깨우고 병든 유전자를 회복시키는 것이다. 건강한 유전자가 왕성하게 생명 활동을 하는 동안에는 병에 걸릴 이유도, 병을 걱정할 이유도 없다.

02 | **스트레스는 만병의 적이다**

인체가 스트레스를 받으면 이에 적응하고 대처하기 위해 신경계와 내분비계, 면역계가 상호작용 한다. 이 반응은 주로 자율신경계교감신경계와 부교감신경계와 뇌의 시상하부-뇌하수체-부신 축HPA axis을 통해 조절된다.

인체에는 중추신경계와 자율신경계가 있으며, 자율신경계는 우리가 의식하지 않아도 자동으로 심장박동, 호흡, 혈압, 땀, 호르몬 분비 등의 기능을 조절해 항상성을 유지한다. 자율신경계는 교감신경계와 부교감신경계로 나뉘는데, 특히 교감신경계는 스트레스나 위협 상황에서 활성화되어 몸이 그 상황을 이겨 낼 수 있도록 돕는다.

스트레스 반응은 다음과 같은 과정으로 진행된다. 먼저 뇌가 스트레스를 감지하면 시상하부가 교감신경계를 활성화하고, 이로 인해 부신수질에서 아드레날린과 노르아드레날린이 분비된다. 이 호르몬은 심장박동 수를 늘리고, 혈액을 근육과 뇌로 더 많이 공급하며, 혈압을 높여 산소와 영양소를 신속하게 전달한다. 또한 동공을 확대해 주변 환경에 대한 민감성을 높이고, 소화 기능을 억제한다. 이처럼 인체는 에너지를 집중하는 방식으로 생존을 위한 '싸움 또는 도망fight or flight' 반응을 준비한다. 이 과정에서 혈당도 상승하게 된다.

스트레스가 짧은 시간 안에 해소되면 부교감신경계가 활성화되면서 몸은 안정 상태로 돌아간다. 하지만 스트레스가 지속되면 시상하부-뇌하수체-부신 축이 작동하여 부신피질에서 코르티솔이라는 스트레스 호르몬의 분비가 증가한다. 교감신경계의 지속적인 활성화와 코르티솔 과다 분비는 여러 건강 문제를 유발할 수 있다.

코르티솔 수치가 지나치게 높아지면 면역력이 떨어지고, 심혈관계 질환의 위험이 증가하며, 위염과 위궤양, 과민성대장증후군 등 소화계 질환이 나타난다. 또한 호르몬 불균형으로 체중 증가, 만성피로, 혈당 이상, 만성 통증 등이 발생할 수 있다. 이와 함께 뇌 기능에도 영향을 미쳐 불안, 우울, 집중력 저하, 짜증, 분노, 수면 장애 등 정서적 문제로 이어진다.

이렇듯 만성 스트레스는 신체와 정신 건강 전반에 걸쳐 부정적인 영향을 미친다. 따라서 현대인이 건강을 유지하기 위해서는 스트레스를 효과적으로 관리하는 것이 필수적이다. 교감신경계의 지나친 활성화를 억제하고, 부교감신경계를 적절히 활성화하여 자율신경계의 균형을 유지하려는 노력이 필요하다. 이를 위해 명상, 심호흡, 이완 훈련, 규칙적인 운동, 적절한 휴식, 균형 잡힌 생활 습관과 식습관을 실천하는 것이 도움이 된다.

03

만성 염증은 질병 발생의 주원인이다

최근 통계에 따르면 우리나라 국민의 사망 원인 1, 2위는 암과 심혈관계 질환이다. 그런데 두 질환이 모두 신체 내 만성 염증과 밀접한 관련이 있는 것으로 밝혀지고 있다. 뿐만 아니라 만성 염증은 노화, 비만, 당뇨병 등 대사성 질환은 물론, 습진이나 건선 같은 피부 질환, 류머티즘이나 천식 등의 자가면역질환, 우울증 같은 정신 질환, 알츠하이머 치매, 암 등 다양한 질병의 발생과 연관되어 있다.

만성 염증은 우리 몸속에서 자각 없이 진행되는 미세 염증으로, 세포가 어떤 원인으로 손상되었을 때 면역계가 이를 외부 침입자로 오인하고 과잉 반응하면서 생겨난다. 이 과정에서 정상 세포까지 손상되고, 유전자의 DNA가 변형되며, 그 결과 노화나 암을 비롯한 여러 질환이 유발될 수 있다. 특별한 원인 없이 통증이 반복되거나 몸 상태가 좋지 않은데도 병원 검사에서 이상이 없다면, 만성 염증을 의

심해 볼 필요가 있다.

이런 염증 반응과 밀접하게 관련된 것이 우리가 매일 접하는 음식이다. 어떤 음식을 어떤 방식으로 조리해 먹느냐에 따라 염증 발생 여부가 달라진다. 건강한 식단은 염증을 억제하고 회복을 돕지만, 자극적이거나 가공된 식품은 오히려 염증을 악화시킨다. 설탕과 액상과당이 많이 들어간 빵, 케이크, 과자, 청량음료 같은 초가공식품, 흰 밀가루로 만든 정제 탄수화물, 정제된 식용유와 트랜스 지방이 많은 튀김, 식품첨가물이 많은 가공식품, 붉은 육류와 햄, 소시지, 베이컨 등 육가공식품은 모두 염증을 유발한다. 이들 식품은 일상에서 자주 접해 더욱 주의가 필요하다.

염증 자체는 우리 몸을 보호하기 위한 자연스러운 면역반응이다. 가시에 찔리거나 세균, 바이러스에 노출되었을 때 생기는 급성 염증은 손상된 조직을 복구하고 몸의 항상성을 유지하는 데 필수적인 반응이다. 그러나 급성 염증이 해소되지 않고 장기화되면 만성 염증으로 이어지고, 자각 증상 없이도 각 장기와 혈관에 문제를 일으켜 건강에 심각한 영향을 미칠 수 있다. 마치 몸속 어딘가에 보이지 않는 상처가 계속 남아 있는 것과 같다. 그렇기 때문에 염증은 초기에 잘 다스리는 것이 중요하다.

만성 염증의 원인은 다양하지만, 대부분 잘못된 생활 습관과 관련되어 있다. 예를 들어 비만으로 내장 지방이 지나치게 늘거나, 혈액 속 혈당과 콜레스테롤 수치가 높아지면 염증 반응이 깊어진다. 또한 스트레스가 지속되면 교감신경계가 지나치게 활성화되고, 스트레스 호르몬인 코르티솔이 과잉 분비되면서 염증 상태가 더욱 악화될 수 있다.

이외에 미세먼지를 비롯한 대기오염 물질, 담배의 니코틴, 식품첨가물이 많은 가공식품, 정제된 탄수화물, 트랜스 지방이 많은 음식, 채소와 과일 섭취 부족, 비타민 D 결핍 등도 만성 염증을 유발하는 요인이다. 활동량 부족, 오랜 시간 앉아 있는 생활, 운동 부족, 물을 충분히 마시지 않는 습관, 수면 부족 등 일상 속의 사소한 습관도 염증을 촉진할 수 있다.

만성 염증은 외부로 드러나지 않지만, 다양한 질병의 뿌리가 될 수 있다. 따라서 원인을 정확히 이해하고, 생활 습관을 개선하여 염증을 조절하는 노력이 필요하다.

04

장내 미생물이 건강해야 우리 몸이 건강하다

우리 주변에는 수많은 세균이 존재한다. 눈에 보이지 않을 뿐, 우리가 하루 종일 사용하는 스마트폰, 대중교통 손잡이, 마트의 장바구니 손잡이, 컴퓨터 자판 등에 세균이 모여 있다. 그러나 건강한 사람이라면 면역 기능이 잘 작동하기 때문에 지나치게 걱정할 필요는 없다.

세균은 우리 몸속, 특히 장에 다수 존재하며, 이 장내 미생물군이 우리의 건강과 밀접하게 관련됨이 최근 다양한 연구를 통해 밝혀지고 있다. 우리 몸은 약 37조 개 세포로 구성되지만, 장에는 이보다 훨씬 많은 세균이 존재하며, 이들이 인체 기능과 면역, 대사, 정신 건강까지 영향을 미친다. 장내 미생물군은 스트레스 같은 외부 환경뿐 아니라 우리가 매일 섭취하는 음식에 따라 그 구성 비율이 달라진다.

고대 그리스의 의사이자 현대 의학의 아버지라 불리는 히포크라테스가 "모든 질병은 장에서 시작된다"는 말을 남겼다. 이 말처럼 장은 인체 미생물의 주요 서식지이며, 장에 박테리아와 고세균, 원생생물, 균류, 바이러스 등 다양한 미생물군이 존재한다. 인체에서 장내 미생물군은 대부분 박테리아로 구성되며, 최근 연구에 따르면 우리 몸에 약 100조 개 미생물이 공존한다. 우리는 미생물과 함께 살아가는 셈이다.

건강한 사람의 대장 속 미생물군은 일반적으로 중간균 60%, 유익균 25%, 유해균 15%로 이루어져 있다. 유익균은 우리 몸에 긍정적인 작용을 하고, 유해균은 독소를 만들어 해를 끼치며, 중간균은 상황에 따라 어느 쪽으로도 작용할 수 있다. 지금까지 1만 종이 넘는 미생물이 발견되었고, 이들을 아우르는 개념으로 '마이크로바이옴microbiome' 이라는 용어가 사용된다. 이는 미생물microbe과 생태계biome의 합성어로, 인체에 존재하면서 건강이나 질병에 영향을 미치는 상재균, 공생균, 병원균을 포함한 미생물 군집 전체를 뜻한다.

장내 미생물은 소화되지 않는 식이섬유를 발효해 영양소와 에너지를 공급하고, 비타민을 합성하며, 면역 균형을 유지하는 데 중요한 역할을 한다. 또한 장 점막 건강을 유지하고 병원균에 대한 저항력을 높이며, 장에 위치한 면역 세포를 조절함으로써 인체 면역 기능의 핵심적인 역할을 수행한다.

장내 미생물은 세로토닌, 가바GABA, 글루탐산나트륨 등 다양한 신경전달물질의 생성에도 관여한다. 세로토닌의 약 90%가 장에서 만들어지며, 이는 기분 조절과 수면, 스트레스 반응에 깊이 관여한다. 따라서 장내 미생물의 균형이 무너지면 염증이 생기고 면역 기능이 떨어질 뿐 아니라, 정신 건강에도 악영향을 줄 수 있다.

장내 미생물군의 불균형은 다양한 증상으로 나타난다. 복부 팽만감, 설사, 변비, 복통 등 소화 문제는 물론, 면역 기능 저하에 따른 감염 반복, 자가면역질환, 영양소 흡수 장애, 피로와 빈혈, 정신 건강 문제, 피부 트러블, 대사 질환 등의 원인이 될 수 있다. 특정 미생물은 열량 흡수를 늘리고, 지방 축적과 인슐린 저항성을 유발하여 비만이나 제2형 당뇨병의 위험을 높이기도 한다.

장과 뇌는 밀접하게 연결되어 장내 미생물군의 변화가 뇌 기능에도 영향을 미친다. 장은 발달학적으로 뇌와 같은 기원에서 비롯되었으며, 미주신경을 통해 양방향으로 신호를 주고받는다. 장내 미생물이 생성하는 대사산물과 신경전달물질은 뇌에 영향을 주고, 면역 세포가 만들어 낸 염증 물질 또한 혈액-뇌 장벽_{BBB, blood-brain barrier}을 통과해 뇌 기능을 조절한다. 이런 연결 고리를 통해 장내 미생물의 불균형은 우울, 불안, 치매, 파킨슨병 등과 같은 신경·정신 질환의 발생과 밀접한 관련이 있다.

스트레스도 장내 미생물에 악영향을 미친다. 교감신경 활성화, 코르티솔 수치 상승, 면역 기능 저하, 장벽 투과성 증가 등의 경로를 통해 장내 환경이 변하고, 유익균은 감소하며 유해균이 증가하는 불균형 상태가 초래된다. 이는 '장 누수' 현상으로 이어지며 전신 염증 반응을 유발한다.

다양한 연구 결과에 따르면 스트레스는 장내 미생물군의 구성을 바꾸고, 이는 다시 우울과 불안 등 정신적 문제를 야기한다. 유익균이 줄고 유해균이 늘어난 환경은 세로토닌 생성 감소, 염증 반응 증가 등으로 이어지며, 뇌 기능에 직접적인 영향을 미친다. 이런 경향은 우울증 환자와 염증성 장 질환 환자에게 공통적으로 나타난다.

장내 미생물은 인간의 건강을 구성하는 또 하나의 축이며, 더 이상 무시할 수 없는 존재다. 우리가 어떤 음식을 먹고 어떻게 생활하느냐에 따라 장내 미생물군의 구성이 달라지고, 이는 신체뿐 아니라 정신 건강까지 좌우한다. 건강한 장내 미생물 생태계를 유지하려면 올바른 식습관, 항생제의 신중한 사용, 식이섬유 섭취, 적절한 수면과 운동, 스트레스 관리가 필요하다.

스트레스가 장내 미생물에 미치는 영향

구분	내용
교감신경 활성화	스트레스는 교감신경을 자극하여 장의 운동성과 분비 기능을 변화시킨다. 이로 인해 장내 환경이 불안정해지고 미생물군의 구성이 바뀐다.
스트레스 호르몬 증가	코르티솔 같은 스트레스 호르몬 분비가 증가하면 장내 유익균의 성장을 억제하고, 유해균이 늘어나 미생물 균형이 깨진다.
면역 기능 저하	스트레스는 면역 체계를 약화해 장내 미생물 균형 유지에 어려움을 준다. 결과적으로 유해균 증식, 유익균 감소가 일어난다.
장벽 투과성 증가	스트레스로 장내 세포 결합이 느슨해지면서 '장 누수'가 발생한다. 이로 인해 미생물과 대사산물이 혈류로 유입되어 전신 염증을 유발할 수 있다.

05

조리법이 건강을 좌우한다

하루 세끼 식사를 기준으로 하면 우리는 평생 약 70 에 달하는 음식을 섭취하게 된다. 이처럼 음식은 건강에 지대한 영향을 미치는데, 무엇을 먹느냐 만큼이나 중요한 것이 어떻게 조리해서 먹느냐다. 아무리 좋은 식재료라도 조리법이 잘못되면 오히려 건강에 해가 될 수 있다. 그 핵심 요인 중 하나가 '당 독소'다.

당 독소는 '최종 당화 산물AGEs, Advanced Glycation Endproducts'로, 포도당이 단백질이나 지질지방과 결합하면서 생성된다. 이 과정에서 단백질의 질과 기능이 떨어지고, 고열에서 장시간 조리할수록 당 독소가 다량 생성된다. 당 독소는 흔히 '노화 물질'로도 불리며, 섭취된 양 가운데 10% 정도는 체내에 저장되어 장기적으로 건강에 영향을 미친다.

당 독소는 노화의 주원인 중 하나로 당뇨병, 치매, 암 등 다양한 만성질환과 밀접한 관련이 있다. 몸속에 축적된 당 독소는 지나친 염증 반응을 유발하고, 장내 미생물군의 균형을 깨뜨리며 전반적인 건강을 해친다. 또한 피부와 혈관 조직을 뻣뻣하게 만들어 주름을 늘리고 혈관 기능을 떨어뜨린다. 세포가 산화에 더 취약해지면서 기미와 검버섯, 주름 등이 생기고, 만성 염증이 심해진다. 국내 연구 결과 단백질 당화가 지나치게 일어나면 신경세포 간의 연결이 약해지고, 뇌의 인지 기능이 떨어지는 것으로 나타났다.

그렇다면 당 독소는 언제 많이 만들어질까? 과다 섭취한 당이 혈액 속에서 단백질, 지방 등과 결합하거나, 에너지대사 과정에서 자연스럽게 생성되기도 한다. 하지만 고온에서 조리할 때 특히 많이 발생한다. 당 독소는 120℃ 이상 고온·고압에서 수분 없이 가열하거나, 설탕을 넣어 장시간 발효하는 과정에서 다량 생성된다. 불에 직접 굽거나 볶고 튀기는 조리법, 설탕에 절여 굳히는 조리법, 갈색으로 태우는 조리법 등도 당 독소 생성을 촉진한다.

따라서 숯불구이, 튀김, 커피, 빵, 과자, 간장 절임, 가공식품 등은 가능한 한 섭취를 줄이는 것이 좋다. 햄버거, 피자, 파르메산 치즈, 땅콩버터처럼 지방 함량이 높은 음식도 주의가 필요하다. 설탕과 액상과당이 많이 들어간 청량음료, 가공 주스 등 고혈당 식품 역시 당 독소를 늘리는 주요인이다.

당 독소 생성을 줄이기 위해서는 조리법을 바꾸는 것이 중요하다. 채소나 과일을 날것으로 먹거나, 삶고 데치고 찌는 저온 조리법을 활용하는 것이 좋다. 컬러 채소나 폴리페놀이 풍부한 식품(콩, 블루베리, 양파, 감귤류, 녹차, 레드 와인 등)은 항산화 작용으로 당 독소의 해를 줄이는 데 도움이 된다. 식사 전후에 레몬즙이나 사과식초처럼 구연산이 풍부한 식품을 섭취하는 것도 당 독소 배출에 효과적이다.

소식, 간헐적 단식, 단식 모방 식이요법, 규칙적인 운동은 체내에 축적된 당 독소를 줄이는 데 도움이 된다. 매일 먹는 식사가 내 몸을 구성한다. 건강한 식재료라도 잘못된 조리법은 만성 염증과 노화를 유발하는 당 독소를 만들어 건강을 해칠 수 있다. 건강한 조리법이 건강한 삶의 시작임을 잊지 말아야 한다.

06 몸과 마음은 연결된 시스템이다

우리나라 국민의 만성질환 유병률은 계속 증가하고 있다. 2023년 통계에 따르면 고혈압과 이상지질혈증, 당뇨병 등 3대 만성질환자 수가 1400만 명을 넘어섰다. 특히 주목할 점은 이런 질환이 고령층에 국한되지 않고, 젊은 층에서도 빠르게 확산되고 있다는 사실이다.

만성질환은 단일 원인으로 발생하지 않는다. 생활 습관과 스트레스, 환경적·유전적 요인 등이 복합적으로 작용하며, 단순한 증상 억제로 완전한 회복이 어렵다. 근본적인 치유를 위해서는 신체적 치료에 더해 정신적 안정과 생활환경의 개선이 포함된 통합적이고 종합적인 접근이 필요하다.

현대인의 만성질환 중 약 70%는 스트레스와 밀접하게 연관된다는 연구 결과도 있다. 따라서 약물이나 수술 같은 현대 의학적 치료만으로 한계가 있으며, 질병을 근원적으로 치유하려면 스트레스 관리가 핵심 요소가 되어야 한다.

많은 사람이 경험을 통해 알고 있듯이, 몸이 아프면 마음도 지치고, 마음이 힘들면 몸의 기능도 떨어진다. 따라서 만성질환을 회복하려면 몸과 마음을 함께 살피는 것이 중요하다. 식습관과 운동뿐 아니라 충분한 수면, 명상과 호흡 등을 통해 자율신경계의 균형을 회복하려는 노력도 해야 한다.

이처럼 몸과 마음이 연결되어 있다는 사실이 다양한 연구를 통해 과학적으로 입증되고 있다. 대표적인 예가 '플라세보효과'다. 치료 성분이 없는 약이라도 환자가 나을 것이라 믿으면 실제로 증상이 호전되기도 한다. 이는 뇌의 신경전달물질 변화와 보상 시스템의 활성화를 통해 이루어진다.

인체는 외부 자극 속에서도 항상성을 유지하기 위해 뇌 신경계, 내분비계, 면역계가 긴밀히 협력하는 시스템을 갖추고 있다. 그러나 스트레스가 지속되면 이 시스템의 균형이 깨지고, 결국 질병의 원인이 될 수 있다. 스트레스를 감지한 자극은 뇌로 전달되고, 시상하부와 변연계를 중심으로 정서적 의미가 부여되어 신체 반응이 결정된다. 이처럼 감정과 기억, 자율신경 조절 등은 모두 '감정의 뇌'라 불리는 변연계를 통해 조절되며, 이는 곧 심리 상태가 생리 기능에 직접 영향을 미친다는 의미다.

우리는 생활에서도 이를 자주 경험한다. 스트레스를 받으면 소화가 되지 않거나 두통, 이명, 피로감, 면역 기능 저하 등 다양한 증상이 나타난다. 중요한 일이나 시험을 앞두고 감기에 걸리거나, 평소보다 몸이 피곤하게 느껴지는 것도 이 때문이다. 코르티솔이 장기간 분비되면 면역 기능이 떨어지고, 감염에 쉽게 노출된다.

신체와 정신 연결의 또 다른 사례는 '장-뇌 축gut-brain axis'이다. 장과 뇌는 미주신경을 통해 소통하며, 장내 미생물은 감정과 인지 기능에도 영향을 미친다. 실제로 우울증은 심혈관 질환, 고혈압, 당뇨병 등 신체 질환과 밀접한 연관이 있으며, 하버드대학교 연구에 따르면 장기간 우울감을 경험한 사람은 심혈관계 질환 위험이 증가한다고 한다.

명상과 운동의 효과도 주목할 만하다. 명상은 자율신경계의 불균형을 조절해 심장박동 수와 혈압을 낮추고 염증 반응을 줄이는 데 효과적이다. 2014년 〈미국의사협회지 내과학저널JAMA Internal Medicine〉에 명상이 만성 통증과 스트레스 조절에 도움이 된다는 연구 결과가 발표되었다. 운동도 엔도르핀 분비를 촉진해 기분을 개선하고 스트레스를 줄이는 데 긍정적인 영향을 준다.

결론적으로 우리 몸과 마음은 신경계, 호르몬, 면역계 등 생리적 시스템을 통해 유기적으로 연결되며, 이 연결 구조를 이해하는 것이 만성질환의 예방과 회복에 중요한 출발점이다. 건강한 식사와 운동 못지않게 정신적 평안과 스트레스 관리, 긍정적인 생활 습관 유지가 만성질환을 다스리는 핵심이라는 사실을 잊지 말아야 한다.

Chapter 02

나의 식습관은 건강할까?

먹는 것과 건강의 관계

세포는 영양소를 먹는다

올바른 식생활은 왜 필요할까? 우리는 왜 매일 잘 먹어야 할까? 그 이유는 간단하다. 인체는 우리가 먹는 음식으로 만들어지고, 음식이 곧 몸을 움직이는 에너지가 되기 때문이다. "우리는 음식을 먹지만, 세포는 영양소를 먹는다"는 말이 있다. 우리가 하루 세끼 식사를 하는 이유도 결국 음식 속의 영양소를 섭취하기 위해서다.

건물이 수많은 벽돌로 지어지듯, 우리 몸은 약 37조 개 세포로 이루어져 있다. 세포는 모든 생명체를 이루는 구조상·기능상 기본 단위이며, 세포가 모여 조직을 이루고, 조직이 모여 기관을 만들며, 기관은 다시 하나의 계통으로 연결되어 몸을 형성한다. 세포는 그 자체로 독립적인 생명 단위지만, 동시에 유기적인 신호를 주고받으며 건강한 신체를 유지한다. 머리카락 굵기의 1/10~1/50밖에 되지 않는 세포

하나하나에는 인간이 만든 어떤 기술보다 정교하고 복잡한 생명 시스템이 존재한다.

세포는 한번 만들어지면 그대로 유지되는 것이 아니라, 매 순간 수십만 개씩 파괴되고 새로운 세포로 교체된다. 즉 건강한 삶은 건강한 세포가 끊임없이 만들어지는 순환 속에 유지되며, 이를 위해서는 세포의 재료가 되는 영양소를 매일 안정적으로 공급받는 것이 매우 중요하다. 우리가 매 끼니를 잘 먹어야 하는 이유가 여기에 있다.

영양소는 식품에 들어 있는 성분 중에서 우리 몸을 구성하고, 에너지를 제공하며, 생리 기능을 조절하고, 성장을 돕는 등 건강을 유지하는 데 필요한 물질을 말한다. 현재까지 40여 종의 필수영양소가 밝혀졌으며, 이들은 크게 물, 탄수화물당질, 단백질, 지질, 비타민, 미네랄 그리고 파이토케미컬식물영양소 로 나눌 수 있다.

이 중 파이토케미컬은 식물의 색소나 향기 성분에 들어 있으며, 항산화·항염·항암 작용 등을 하는 것으로 알려져 '제7의 영양소'로 주목받는다. 따라서 건강한 세포를 만들고 유지하기 위해서는 매일 다양한 식품을 통해 필수영양소와 파이토케미컬을 균형 있게 섭취해야 한다.

건강한 식습관은 매일 실천해야

우리가 섭취한 음식은 식도와 위, 십이지장과 소장을 지나면서 소화 효소에 의해 포도당, 아미노산, 지방산 등으로 분해된다. 비타민, 미네랄, 파이토케미컬도 대부분 소장에서 흡수된다. 흡수된 영양소는 먼저 간으로 보내져 선별 과정을 거친 후, 혈류를 타고 온몸의 세포로 운반된다. 각 세포는 세포막을 통해 필요한 영양소와 산소를 받아들여 에너지를 만들고, 필요한 단백질과 생리 물질을 합성하며, 노폐물을 배출함으로써 건강한 생명 활동을 이어간다.

결국 우리 몸의 건강은 각각의 세포가 얼마나 정상적인 구조와 기능을 유지하느냐에 달려 있다. 한두 가지 영양소만 부족해도 세포 기능이 저하되고, 그 결핍이 심하면 다양한 질병으로 이어질 수 있다. 세포에 어떤 영양소가 어떻게 공급되느냐가 우리 몸의 건강 수준을 좌우한다.

따라서 건강한 식생활은 아플 때만 신경 쓰는 일이 아니라, 매일 실천해야 할 생활 습관이다. 면역 체계는 모든 영양소가 균형 있게 공급될 때 활발히 작동하고, 병원균이나 독소에서 우리 몸을 지켜낸다. 그래야 병에 걸리지 않고, 설령 병이 생기더라도 쉽게 회복할 힘이 있는 몸으로 만들 수 있다.

셀프힐링 파워를 믿자

인체가 가진 자연 치유력이 최고의 의사

감기에 자주 걸리는 사람을 보면 흔히 "면역력이 약하다"고 말한다. 실제로 감기약을 먹지 않아도 며칠 쉬면 회복된 경험이 누구에게나 있다. 손이 베인 상처도, 무릎이 까진 피부도 시간이 지나면 저절로 아문다. 이렇게 특별한 치료 없이도 몸이 회복되는 까닭은 우리 몸에 '셀프힐링 파워self-healing power'가 있기 때문이다.

셀프힐링 파워란 몸이 손상된 세포나 조직을 스스로 회복하고 질병에 대응하는 능력을 말한다. 이 힘은 태어날 때부터 유전자에 내장되어, 살아가는 동안 다양한 외부 자극과 병원균의 공격에도 건강을 유지할 수 있게 한다. 의학의 아버지 히포크라테스는 "인체가 가진 자연 치유력이 최고의 의사"라고 표현했다.

우리가 감기에 걸렸을 때 열이 나는 것은 몸이 체온을 높여 바이러스나 세균을 제거하기 위한 자연적인 반응이다. 열이 오를수록 면역 세포는 활발히 움직이고, 기침이나 콧물, 재채기, 설사 등의 증상은 인체 시스템이 병원균을 몸 밖으로 내보내려고 작동하는 신호다. 이런 증상은 불편하지만, 충분한 휴식과 수분 섭취, 영양 보충만으로 대부분 회복된다.

이와 같이 우리 몸의 회복 시스템은 근육처럼 쓰면 쓸수록 강해진다. 반면 감기 초기부터 해열제나 진통제를 복용해 회복 시스템이 작동할 기회를 빼앗으면, 면역력이 점점 약해지고 감기나 질병에 더 쉽게 걸린다.

우리 몸을 구성하는 약 37조 개 세포는 지속적으로 손상되고 재생된다. 세포가 경미하게 손상되면 스스로 수리 효소를 만들어 복구하고, 복구가 불가능할 경우 자연사apoptosis 기능으로 죽어 간다. 이는 손상된 세포가 자리를 차지하고 있다가 암세포로 변이하는 것을 막는 중요한 시스템이다. 이런 수리와 청소 과정이 셀프힐링 파워의 핵심이다.

우리 몸에는 해독 기능도 작동한다. 활성산소나 외부 독소, 약물 등 유해 물질은 세포에 손상을 줄 수 있기 때문에, 간을 비롯한 각 세포가 이를 안전한 형태로 바꿔 배출한다. 약물이 몸에서 작용한 뒤 간에서 분해되어 소변으로 배출되는 것도 같은 원리다.

셀프힐링 파워의 중심에 면역 시스템이 있다. 면역 기능은 외부에서 침입한 세균, 바이러스, 곰팡이 등을 식별하고 제거하는 방어 시스템으로, 인체가 가진 최고의 생명 보호 메커니즘이다.

우리 몸의 면역 체계

면역계는 선천면역과 후천면역으로 구성된다. 선천면역은 태어날 때부터 갖는 1차 방어 체계로, 피부와 위산, 점막, 백혈구, 인터류킨, 인터페론 등이 포함된다. 빠르게 반응하지만 비특이적으로 작동하며, '익숙지 않은 것'을 모두 제거하려 한다. 후천면역은 일생 외부 항원에 노출되며 학습된 면역반응으로, 백신 접종도 이 체계를 활용한다. 특정 병원체에 대한 기억을 통해 더욱 정밀하고 효과적으로 반응한다. 이 과정에는 다양한 면역 세포가 관여한다.

대식세포macrophage는 침입자를 포식하며 면역반응을 시작한다. 자연 살해 세포natural killer cell는 바이러스에 감염된 세포나 암세포를 빠르게 제거한다. 도움 T세포helper T cell는 면역반응 전체를 조율하고, B세포는 항체를 만들어 특정 병원체에 대응한다. 이런 면역 세포는 마치 숙련된 군대처럼 몸 구석구석을 순찰하며 병원균을 탐지하고 제거한다. 하지만 군대가 제 역할을 하려면 적절한 '보급품'이 필요하다. 단백질, 비타민, 미네랄, 필수지방산 같은 영양소와 파이토케미컬은 면역 세포의 활성을 돕는 중요한 물질이다.

우리는 암을 특별한 병이라고 생각하는데 건강한 사람의 몸에도 매일 수백 개의 암세포가 생긴다. 그러나 면역 세포가 이를 감시하고 제거하기 때문에 대부분 문제가 되지 않는다. 스트레스, 나쁜 식습관, 수면·운동 부족, 유해 물질에 노출 등으로 면역 시스템에 과부하가 걸리거나 기능이 약화되면 암세포가 살아남고 증식할 위험이 커진다.

약물은 불편한 증상을 줄이거나 치료를 보조하는 수단이지, 회복의 주체가 아니다. 진짜 치유는 내 몸이 스스로 회복하는 힘, 셀프힐링 파워에 의해 이루어진다. 그래서 불편한 증상이 사라졌다고 해도 근본적으로 회복되지 않으면 질병은 다시 찾아오거나 만성화된다.

예를 들어 대장에서 발견된 폴립(양성종양)을 제거하더라도 종양이 생기는 몸의 상태를 바꾸지 않으면 다시 생길 수 있고, 그중 일부는 악성으로 발전할 수도 있다. 진짜 치유는 '약을 먹어서 낫는 것'이 아니라, 우리 몸이 회복력을 발휘해 스스로 병을 이겨 내는 것이다.

셀프힐링 파워와 면역력을 높이는 12가지 요소

- 건강한 음식(통곡물, 채소, 과일, 콩류, 견과류 등) 섭취
- 충분한 파이토케미컬 섭취
- 웃음, 기도, 명상, 요가 등 정신적 안정
- 적절한 운동
- 적당한 햇빛(비타민 D 합성)
- 체온 유지(따뜻한 음식, 족욕, 반신욕 등)
- 규칙적인 수면 습관(일찍 자고 일찍 일어나기)
- 사랑의 마음과 긍정적인 생각
- 맑은 공기
- 적절한 휴식
- 원만한 인간관계
- 유산균 섭취

건강한 식습관 10계명

① 물을 충분히 마시자. – 하루 1.5ℓ 이상 마시기

② 채소가 식탁의 주인공이 되게 하자. – 식사의 절반 이상을 채소로 먹기

③ 거꾸로 먹자. – 채소와 과일을 먼저, 밥은 나중에 먹기

④ 운동량에 따라 에너지 섭취를 조절하자. – 곡류 줄이고 채소와 과일 늘리기

⑤ 단백질 섭취는 2:1 비율 – 세끼 중 식물성 2회, 동물성 1회

⑥ 오메가-3 지방산을 충분히 섭취하자. – 들깨, 호두, 아마 씨, 등 푸른 생선 등으로 섭취

⑦ 흰쌀밥 대신 현미 잡곡밥을 꼭꼭 씹어 먹고, 흰 밀가루와 흰 빵, 라면 등은 줄이자.

⑧ 간식은 고구마, 견과류, 과일 등 자연 음식으로 적당히 먹자.

⑨ 음식에 간할 때 소금 대신 허브를 사용하자. – 짜지 않으면서도 약리 효과

⑩ 조리법은 볶거나 튀기지 말고 삶거나 찌자.

3대 영양소, 어떻게 먹을까?

37조 개가 넘는 세포로 이루어진 우리 몸이 생명을 유지하고 건강을 지키기 위해서는 매일 5대 영양소를 균형 있게 섭취해야 한다. 이 필수영양소가 하나도 빠짐없이, 필요한 양만큼 제공될 때 건강한 생명 활동이 가능하다.

'3대 열량 영양소'로 불리는 탄수화물, 단백질, 지질은 에너지를 만들고, 피와 근육, 효소, 호르몬, 면역 물질 등 우리 몸을 구성하고 유지하는 데 중요한 역할을 한다. 하루 필요량이 많아 '대량 영양소'라고도 하며, 분자구조가 크기 때문에 복잡한 소화·흡수 과정을 거쳐야 체내에서 활용될 수 있다.

그렇다면 건강 유지를 위해 3대 영양소는 어떤 비율로 섭취하는 것이 바람직할까? 한국영양학회와 보건복지부가 공동 발표한 권장 비율(2025년)은 탄수화물 : 단백질 : 지질 = 50~65% : 10~20% : 15~30%다.

탄수화물 – 에너지 공급원

자동차가 잘 달리기 위해 기름이 필요하듯, 우리 몸이 움직이기 위해서는 에너지원이 필요하다. 그 대표적인 에너지 공급원이 바로 밥, 국수, 빵 등 탄수화물 식품이다. 우리 식탁에서 주식으로 자리한 탄수화물은 하루에 필요한 에너지의 절반 이상을 차지한다.

탄수화물은 밥과 국수 외에도 감자, 고구마, 옥수수, 콩류, 채소, 과일, 과자, 라면 등 다양한 식품에 포함되어 있다. 이들은 소화 과정에서 포도당으로 분해되어 소장에서 흡수되고, 혈액을 따라 온몸의 세포로 전달되어 에너지원으로 쓰인다. 1g당 4kcal의 열량을 제공하며, 신진대사와 뇌 활동, 신경세포 작용에 필요하다. 탄수화물이 부족하면 근육 속 단백질이 분해되어 마르고 허약해지며, 반대로 과잉 섭취하면 중성지방 증가와 비만으로 이어진다.

탄수화물은 분자구조에 따라 소화·흡수 속도가 다르다. 구조가 복잡한 탄수화물일수록 천천히 소화되어 포만감이 오래 유지되고 과식을 막을 수 있다. 예를 들어 쌀이나 밀가루는 '전분'이라는 다당류로, 수백수천 개 포도당이 사슬처럼 결합해 오랜 소화 과정을 거쳐야 한다. 반면 설탕이나 꿀 같은 이당류는 단당류 두 개가 결합한 구조로 소화와 흡수 속도가 빠르다. 이처럼 소화가 빠른 탄수화물은 혈당을 급격히 높이고 금세 배고픔을 느끼게 해 과식으로 이어지기 쉽다.

요즘은 흰쌀밥 섭취는 줄었지만, 빵이나 케이크, 과자, 청량음료, 주스 같은 가공식품과 흰 밀가루, 라면, 떡 등 정제된 당질 식품의 소비가 늘고 있다. 잘못된 탄수화물 섭취는 혈당을 급격히 높여 췌장에 부담을 주고, 고혈당과 저혈당 상태가 반복되어 당뇨병 위험을 늘린다. 또 인슐린이 과다 분비되어 암세포의 성장을 촉진하고, 복부 비만과 인슐린 저항성을 유발해 질병에 걸릴 위험이 커진다.

정제 탄수화물은 섬유질과 비타민, 미네랄이 대부분 제거되어, 에너지대사 과정에서 비타민 B를 많이 소모하게 만든다. 이로 인해 우울감이나 신경과민이 유발될 수 있으며, 대사가 제대로 이루어지지 않아 혈액이 산성화되면 뼈나 치아에서 칼슘이 빠져나와 골격이 약해지기도 한다. 설탕이나 액상 과당 등 정제 당질을 과다 섭취한 아이들은 충치, 주의력결핍과잉행동장애ADHD 등의 위험에 노출될 수 있다.

우리 몸은 여전히 4만 년 전 인류 조상이 먹던 자연식에 익숙하다. 당시에는 직접 사냥한 동물과 채집한 식물이나 과일을 먹었고, 농경이 시작된 이후에는 통곡류와 옥수수 같은 탄수화물을 섭취했지만, 껍질을 벗기지 않은 거친 형태였다. 그러다 산업혁명 이후 제분 기술이 발달하며 정제된 흰쌀, 흰 밀가루, 흰 설탕 섭취가 일상화되었고, 그 섭취량이 급격히 늘며 건강을 위협하고 있다. 인류가 정제 탄수화물을 본격적으로 먹은 기간은 100년 남짓에 불과하다.

우리 몸은 수만 년 동안 거친 탄수화물에 길들여져 있다. 정제된 탄수화물을 섭취해 변비, 대장암, 비만, 심혈관계 질환, 당뇨병 등으로 고통받는 사람이 늘고 있다. 실제로 현미와 백미를 비교한 연구에서도 백미는 식후 혈당 수치를 높이고 인슐린 분비량을 늘리는 것으로 나타났다.

그렇다면 어떤 탄수화물을 먹어야 할까? 식이섬유가 제거된 흰쌀밥, 흰 밀가루, 흰 설탕 등 정제 탄수화물과 당질의 섭취는 줄이고, 통곡물과 채소, 과일 등을 통해 질 좋은 탄수화물을 섭취하는 것이 바람직하다.

매일 먹는 밥을 현미 잡곡밥으로 바꾸고, 밀가루 음식 대신 신선한 채소를 선택하며, 흰 식빵 대신 통밀빵을, 청량음료 대신 신선한 과일을 먹는 식으로 식단을 개선해야 한다. 이런 거친 음식을 섭취할 때는 50회 이상 천천히 꼭꼭 씹는 습관도 들여야 소화기관의 부담을 줄일 수 있다.

몸속의 청소부, 식이섬유

식이섬유란?

식이섬유는 탄수화물의 일종이지만, 소화효소로 분해되지 않아 에너지원이 되지 않는다. 주로 곡류의 껍질, 채소, 과일, 해조류, 콩류 등에 많다. '제6의 영양소'로 불리며 건강 유지에 필요하다.

식이섬유의 기능

- 배변 활동 촉진: 장운동을 도와 변비 예방, 노폐물 배출에 도움.
- 혈당 조절: 당을 천천히 흡수하게 해 식후 혈당 수치 상승 억제
- 콜레스테롤 수치 낮춤: 혈중 콜레스테롤 수치를 낮춰 심혈관

질환 발병 위험을 줄임.

- 포만감 유지: 천천히 소화되어 과식을 예방하고 체중 조절에 효과적.
- 장내 유익균 증식: 장내 환경을 개선하여 면역력 증진과 정신 건강에 기여.

하루 권장 섭취량

성인 기준 하루 25g 이상

예) 현미밥 1공기, 채소 2～3접시, 과일 1～2개

단백질 – 우리 몸을 만드는 필수영양소

우리 몸에서 물 다음으로 많은 성분이 단백질이다. 머리카락, 피부, 근육, 혈액, 각종 효소와 호르몬, 면역 세포 등은 모두 단백질로 구성되며, 세포핵에 저장된 유전정보 또한 다양한 단백질을 만드는 데 쓰인다. 단백질은 탄수화물이나 지방과 달리 질소N를 포함한 고분자화합물로, 인체 내에서 매우 복잡한 대사 과정을 거친다.

탄수화물이나 지방은 체내에 저장되지만, 단백질은 저장되지 않기 때문에 매일 일정량을 섭취해야 한다. 1g당 4kcal의 열량을 내지만, 에너지보다 체구성 유지와 다양한 생리 기능 수행에 중요하게 사용된다. 부족할 경우 면역력 감퇴, 성장 지연, 자세 불균형, 모발·손톱 이상, 빈혈, 피로감 등 다양한 문제가 나타난다.

하지만 단백질을 과잉 섭취하면 남은 양이 지방으로 전환되어 체중 증가로 이어지고, 대사 과정에서 생기는 질소 부산물은 간과 신장에 부담을 준다. 또 단백질에 의해 생산된 산성 노폐물을 중화하기 위해 뼈에서 칼슘이 빠져나가 뼈가 약해질 수 있으며, 동물성 단백질에 포함된 포화지방산과 콜레스테롤은 혈중 콜레스테롤 수치를 높이고, 대장암과 유방암 등이 발병할 요인이 되기도 한다. 위산이 부족한 경우에는 소화되지 못한 단백질이 장에서 흡수되어 알레르기를 유발할 수도 있다.

우리가 섭취하는 단백질은 크게 동물성과 식물성으로 나뉜다. 20세기까지는 동물성 단백질이 필수아미노산을 모두 포함한 '완전 단백질'로 간주되어 더 우수하다고 여겨졌다. 반면 식물성 단백질은 일부 필수아미노산이 부족해 '불완전 단백질'로 분류되었지만, 최근에는 쌀과 콩처럼 서로 부족한 아미노산을 보완해 먹으면 충분히 건강한 단백질 섭취가 가능하다는 인식이 자리 잡고 있다.

특히 삼겹살이나 쇠고기, 닭고기 등 대표적인 동물성 단백질인 육류 소비가 증가하면서 대장암, 심혈관계 질환 등 생활 습관병 발병도 늘고 있다. 고기든 콩이든 우리 몸에 필요한 것은 결국 9가지 필수아미노산을 포함한 20가지 아미노산이다. 이 단백질은 소화효소에 의해 아미노산으로 분해·흡수되며, 간에서 다시 필요한 단백질로 조합된다.

단백질은 몸속에서 일부 재활용되기 때문에 생각보다 많은 양이 필요하지 않다. 성인은 하루 총열량의 10~20%면 충분하고, 체중 1kg당 0.9~1g이 권장된다. 성인 남성은 하루 60~65g, 여성은 50~55g이 적정량이다. 그러나 체중 감량을 위해 저탄수화물 식사를 하고 있다면, 근육 손실과 요요 현상을 막기 위해 1kg당 1~1.5g으로 섭취량을 늘리는 것이 좋다. 특히 노년기에는 근육 단백질이 빠져나가기 때문에 매일매일 충분한 단백질을 섭취하도록 노력해야 한다.

건강하게 단백질을 섭취하려면 끼니마다 단백질 식품을 적정량 포함하는 것이 좋다. 콩, 두부, 청국장, 된장찌개 등 식물성 단백질로 2/3 이상을, 닭 가슴살, 생선, 달걀 등 저지방 동물성 식품으로 나머지를 채우는 식이 균형이 바람직하다. 고기는 기름기를 제거하고, 숯불에 굽기보다 삶는 방식으로 먹는 게 좋다(숯불 조리는 발암물질 벤조피렌 생성 위험이 있다). 마늘, 양파, 상추, 깻잎 같은 채소와 고기를 함께 먹고, 햄이나 소시지 같은 가공육은 가급적 피한다.

지질 – 에너지 저장고이자 세포막 구성 영양소

지질에 관심을 기울여야 하는 이유는 단순하다. 비만, 암, 심혈관 질환 등 현대인의 대표 질병이 대부분 '지방'과 깊이 연관되어 있기 때문이다. 우리가 매일 먹는 상당수 음식은 기름으로 조리하거나, 기름을 원료로 한 가공식품이다. 식당 음식은 대체로 기름에 볶거나 튀기고, 라면이나 과자, 빵, 치킨, 피자 등 간편하게 먹는 음식도 예외가 아니다. 현대인은 말 그대로 '지방의 바다'에 살고 있다.

지질은 3대 영양소 중 가장 많은 열량을 낸다. 상온에서 고체로 굳으면 '지방', 액체로 남으면 '기름'이라 부르고, 이 차이는 지방산의 분자구조에 따라 달라진다. 지질은 글리세롤과 세 분자의 지방산이 결합한 형태로, 소화효소에 의해 분해·흡수된 뒤 몸속으로 들어간다. 이렇게 흡수된 지질은 체중의 20~25%를 차지하며, 쉽게 저장된다.

지질 1g은 9kcal의 열량을 제공하고, 필수지방산을 공급하며, 지용성비타민의 흡수를 돕는다. 또 세포막과 신경 보호막을 이루고, 일부 호르몬의 원료가 되며, 혈액응고나 근육수축을 조절하는 물질의 전구체 역할을 한다. 지질은 체온을 일정하게 유지하는 데도 없어서는 안 될 존재다.

지질은 생존에 필요한 영양소지만, 너무 적거나 많아도 문제다. 부족하면 생리 불순이나 불임, 면역력 감퇴가 나타나고, 과잉 섭취하면 지방간, 이상지질혈증, 비만, 당뇨, 암, 심혈관 질환의 위험이 커진다. 식물성 지방이 동물성 지방보다 '좋은 지방'으로 여겨지는 까닭은 필수지방산이 풍부하기 때문이다.

필수지방산은 분자구조에 따라 오메가-3와 오메가-6로 나뉘며, 두 지방산 모두 우리 몸의 국소 호르몬인 프로스타글란딘PG, prostaglandin의 원료가 된다. 오메가-3에서 유래한 PG1, PG3는 중성지방을 낮추고 혈전을 줄이며, 혈압 조절과 면역 기능 개선, 염증 완화,

정신 안정에 도움을 준다. 반면 오메가-6에서 유래한 PG2는 염증 반응을 일으켜 관절염, 아토피, 만성 감기, 집중력 감퇴 등을 유발할 수 있다. 따라서 오메가-3와 오메가-6는 균형이 중요하다. 이상적인 비율은 1:1 혹은 1:4 이하지만, 현대인은 오메가-6를 오메가-3보다 20배 이상 많이 섭취하고 있다. 이는 진화의 시간과 거꾸로 가는 식습관이다.

인류는 본래 씨앗, 과일, 잎과 뿌리채소 등 오메가-3가 풍부한 식물을 먹으며 살아왔다. 하지만 지금은 오메가-6와 포화지방산을 과다 섭취해 세포 기능 이상과 DNA 손상, 만성질환의 위험을 키우고 있다.

정제 식용유는 겉보기에 깨끗하지만, 정제·표백·탈취·방부 처리 과정에서 항산화 영양소가 대부분 사라진다. 게다가 불포화지방산은 열과 산소에 산화되어 노화와 암을 앞당기는 과산화지질로 변하기 쉽다. 이보다 해로운 것이 트랜스 지방이다. 마가린, 쇼트닝처럼 식물성기름을 고체로 만든 트랜스 지방은 나쁜 콜레스테롤 수치를 높이고 좋은 콜레스테롤 수치를 낮춘다. 또 혈관 염증과 인슐린 저항성을 유발해 당뇨병의 원인이 되며, 필수지방산의 작용을 방해해 면역 기능까지 떨어뜨린다. 따라서 가능하면 트랜스 지방은 아예 피하는 것이 좋다.

오메가-3 지방산이 풍부한 식품은 들깨, 들기름, 호두, 아마 씨, 등 푸른 생선(EPA와 DHA 포함)이다. 반대로 오메가-6 지방산은 홍화씨유, 대두유, 옥수수유, 포도씨유, 참기름에 많다. 건강을 위해서는 오메가-6 섭취를 줄이고 오메가-3 비중을 높이는 것이 바람직하다.

식물성기름은 열에 약하다. 조리할 때는 가능한 한 낮은 온도에서 짧게 사용하는 것이 좋다.

지질을 건강하게 먹는 법

- 볶거나 무칠 때는 저온 압착이나 냉압착 참기름·들기름을 사용하고, 마지막에 넣는다.
- 견과류와 씨앗류는 좋은 지방산의 보고, 하루 25g 이내로 간식처럼 먹는다.
- 크기가 작은 생선을 자주 섭취한다(EPA와 DHA 공급원).
- 마가린, 팜유, 야자유 등 가공 기름은 피한다.
- 길거리 튀김, 외식 튀김류 섭취는 가능한 한 줄인다.
- 기름은 다시 사용하지 말고, 산패한 기름은 반드시 버린다.
- 참기름, 들기름, 아마기름보다 가공하지 않은 통씨앗으로 섭취하는 것이 좋다.
- 생선은 신선한 생물을 먹고, 말리거나 냉동한 지 오래된 것은 피한다.
- 조리법은 튀김이나 볶음보다 찜, 구이, 조림을 활용한다.
- 채소는 물이나 채소 우린 물로 익힌 뒤, 마지막에 소량의 기름을 넣어서 볶으면 산화 걱정을 줄일 수 있다.

비타민 & 미네랄 - 유전자와 긴밀하게 작용하는 미량영양소

비타민과 미네랄은 우리 몸에서 만들지 못하기 때문에 반드시 음식으로 섭취해야 하는 미량영양소다. 생존에 필요한 성분이지만, 미량영양소만으로 우리 몸의 셀프힐링 파워가 유지되진 않는다.

비타민과 미네랄은 항산화 기능뿐 아니라, 근본적인 두 가지 중요한 기능을 한다. 첫째, 세포 내 다양한 효소의 '보효소coenzyme' 역할을 하여 효소가 제 기능을 하도록 돕는다. 둘째, 세포핵 속 유전자에 단백질을 합성하라는 신호를 전달하는 '전사 인자transcription factor'를 활성화해, 건강에 중요한 생화합물의 합성을 돕는다.

이처럼 중요한 비타민과 미네랄을 몸에서 만들지 못하는 이유는 인류의 조상이 과거에 채소나 과일 등으로 이를 쉽게 섭취해 관련 유전자가 점차 퇴화했기 때문이다. 예를 들어 비타민 C는 포유류가 간에서 포도당과 효소를 이용해 합성할 수 있다. 그러나 인간을 포함한 유인원, 원숭이류, 열매를 먹는 일부 조류, 기니피그, 박쥐는 예외다. 이들은 비타민 C 합성의 마지막 단계에 필요한 효소를 만드는 유전자가 약 400만 년 전에 퇴화하여, 음식을 섭취해서 비타민 C를 공급받아야 생존할 수 있다. 비타민 D는 음식만으로 충분하지 않기 때문에, 여전히 자외선을 받아 피부에서 합성할 수 있도록 유전자가 유지되고 있다. 이처럼 비타민과 미네랄은 오랜 진화 과정에서 우리 몸의 유전자와 긴밀하게 작용하며 건강을 지켜 온 중요한 영양소다.

채소 & 과일 똑똑하게 먹기

채소와 과일은 단순한 먹거리를 넘어, 우리 몸에 미량영양소와 파이토케미컬을 공급하는 중요한 식품이다. 그런데 어떤 채소나 과일도 우리 몸에 필요한 모든 성분을 다 갖고 있진 않다. 따라서 내가 다양한 채소와 과일을 골고루 먹고 있는지 확인하는 것이 건강한 식습관을 점검하는 데 중요하다.

채소와 과일의 분류를 '식물의 과科, Family'로 나누어 보면, 인류가 오랫동안 먹어 온 식물군은 30여 가지에 이른다. 같은 과에 속한 식물은 유전정보와 기능 성분이 비슷하기 때문에, 내가 자주 먹는 채소와 과일이 몇 개 과에 집중되어 있다면 그만큼 파이토케미컬 섭취가 제한될 수 있다. 자, 우리가 자주 접하는 채소와 과일을 과 중심으로 살펴보자.

과	해당 채소·과일	주요 파이토케미컬	기능	특징
미나리과 (산형과)	당근, 셀러리, 파슬리, 미나리, 고수	베타카로틴	항염, 항암	꽃 모양이 우산 같음. 한 조상에서 출발한 형제.
십자화과 (겨자과)	브로콜리, 케일, 콜리플라워, 배추, 양배추, 겨자, 무	글루코시놀레이트	항암, 해독	떡잎이 십자가 모양

양파과	양파, 마늘, 부추, 파	황 화합물 (알리신 등)	항균, 혈당 조절, 동맥경화 예방	자르면 효소 반응으로 눈이 맵다.
가지과	가지, 파프리카, 피망, 고추, 감자, 토마토	라이코펜 안토시아닌 카로테노이드 클로로필	콜레스테롤 수치 낮춤, 항암·항산화· 면역 기능	알칼로이드 포함, 독성 있음
명아주과	시금치, 비트, 근대, 사탕무	클로로필 베타시아닌 베타레인 루테인	당뇨병, 위암, 전립선암 예방, 간·신경 보호, 항암	
국화과	양상추, 민들레, 엉겅퀴, 아티초크	클로로필 루테올린 실리마린 타라락신	진정, 진통, 콜레스테롤 수치 낮춤, 간 보호	양상추 진액이 진정 작용
민트과	바질, 민트, 로즈마리, 세이지	모노페놀	항생, 항염, 소화액 분비 자극	
콩과	알팔파, 강낭콩, 대두, 렌틸콩, 땅콩	이소플라본 폴리페놀 사포닌 피토스테롤	심장병·암 예방, 이상지질혈증 개선	콩은 불리고 삶아서 먹는다.
박과	수박, 오이, 호박, 참외	라이코펜 루테올린 베타카로틴	이뇨 작용	
장미과	딸기, 복숭아, 자두, 사과, 배	엘라그산	항산화, 항암, 해독, 혈압 조절	
진달래과	블루베리, 빌베리, 크랜베리	안토시아닌 플라보노이드 프로안토시아니딘	항암, 항염, 세포 노화 억제	pH에 따라 색 변화

포도과	포도, 머루	레스베라트롤, 안토시아닌	혈관 확장, 항암, 노화 억제	껍질에 유효 성분 집중
감귤과 (운향과)	오렌지, 레몬, 귤, 자몽, 유자	비타민 C 리모넨 쿠마릭산 헤스페리딘 나린진	항암, 담즙 생성 자극, 혈중 지질 성분 개선	비타민 C 풍부
화본과	옥수수, 쌀, 보리, 밀, 귀리	카로틴 베타글루칸	콜레스테롤 수치 낮춤, 폐암 예방	귀리가 동맥경화 예방

PHYTOCHEMICAL

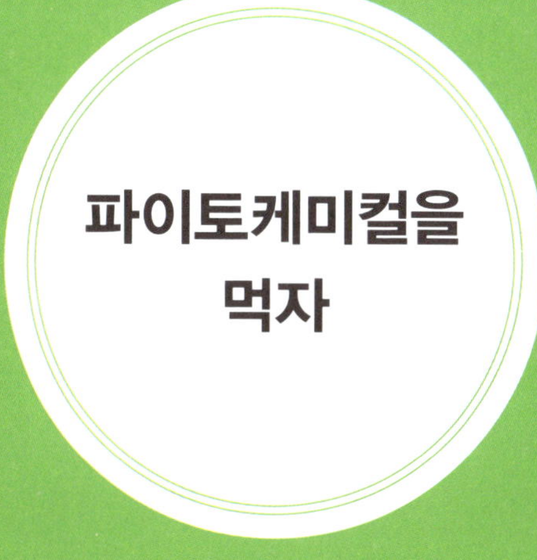

파이토케미컬을 먹자

01

파이토케미컬은 무엇?

식물은 땅에 뿌리를 내린 채 스스로 방어하며 살아간다. 해충, 자외선, 병원균, 가뭄, 오염 등 다양한 위협에 맞서기 위해 식물은 항산화·항균 효과가 있는 방어 물질을 만들어 낸다. 방어 물질을 만드는 것이 식물의 생존 전략이며, 우리 눈에 보이는 식물의 색깔이 바로 이런 물질이 얻어 낸 결과다.

채소와 과일에 존재하는 색소 성분 중 건강에 유익한 생리 활성 물질을 '파이토케미컬phytochemical'이라고 한다. 파이토phyto는 그리스어로 '식물'을 뜻하고, 케미컬chemical은 '화학물질'로, 파이토케미컬은 '식물에서 유래한 생리 활성 화학물질'이다. 파이토케미컬 중 건강 효과가 검증된 성분은 '파이토뉴트리언트phytonutrient'라고도 불린다. 파이토케미컬은 결핍 시 병이 생기는 필수영양소는 아니지만, 건강 유지와 치유, 장수를 위해 필요한 물질로 주목받고 있다.

식물은 광합성을 통해 당, 단백질, 지질, 핵산 등 생존에 필수적인 물질을 생성하는데, 이를 '1차 대사산물'이라고 한다. 이와 달리 외부 환경에 대응하기 위해 생성하는 테르페노이드, 페놀 화합물, 유기황 화합물 등은 '2차 대사산물'로 분류되며, 이들이 파이토케미컬이다. 이런 성분은 환경과 기후, 재배 조건, 식물 부위 등에 따라 함량이 달라지고, 일반적으로 체내 흡수율은 낮지만 독성이 거의 없다.

파이토케미컬은 1990년대 이후 학계에서 본격적으로 주목받기 시작했다. 항염, 항암, 항균, 해독, 소화효소 활성 등 다양한 약리 효과가 밝혀지면서 일부는 의약품 개발의 기초 물질로도 활용되고 있다. 그러나 파이토케미컬의 진정한 가치는 세포 차원에서 발현된다. 파이토케미컬은 유전자를 활성화해 효소 단백질의 생성을 유도하고, 세포 단백질은 세포의 손상 회복, 해독 작용, 면역 기능 유지 등 치유에 핵심적인 역할을 한다.

예를 들어 딸기에 다량 함유된 엘라그산은 해독 효소 유전자를 활성화하며, 브로콜리에 풍부한 설포라판도 같은 역할을 한다. 노랑·빨강·보라 계열 채소와 과일에 풍부한 플라보노이드는 수리 효소 유전자 활성에 관여하고, 카로테노이드 계열은 면역 기능을 강화하는 데 도움을 준다.

이처럼 식물이 생존을 위해 스스로 만들어 낸 파이토케미컬은 인간에게도 유익하게 작용한다. 우리가 식탁에서 섭취하는 다양한 색 채소와 과일이 몸의 셀프힐링 파워를 높이는 열쇠가 된다.

02

파이토케미컬의 종류

현재까지 식물에서 발견된 파이토케미컬은 5만~13만 종에 이르며, 대다수 파이토케미컬은 아직 연구 중이다. 한 식물에는 여러 계열의 파이토케미컬이 함께 존재하는 경우가 많다. 예를 들어 라이코펜이 함유된 대표 식품은 토마토지만, 붉은 피망과 수박, 파파야 등에도 들어 있다. 반대로 한 가지 파이토케미컬이 다양한 식품에 분포하기도 한다.

파이토케미컬은 분자구조와 생화학적 성질에 따라 크게 페놀 화합물 – 테르페노이드 – 유기황 화합물 – 알칼로이드로 분류된다.

페놀 화합물
모노페놀
폴리페놀
플라보노이드
페놀릭산
스틸벤류
리그난
탄닌

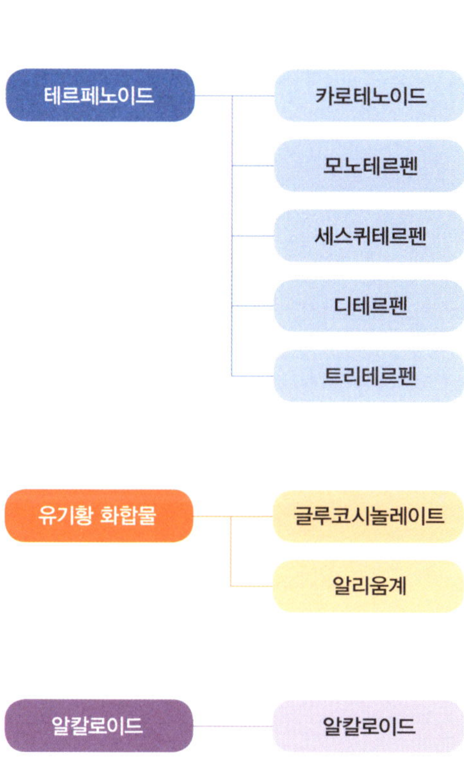

테르페노이드
카로테노이드
모노테르펜
세스퀴테르펜
디테르펜
트리테르펜
유기황 화합물
글루코시놀레이트
알리움계
알칼로이드
알칼로이드

페놀 화합물

페놀phenol 화합물은 벤젠고리에 하이드록실기-OH가 결합된 방향족 화합물이다. 식물에서 흔히 발견되는 파이토케미컬 그룹 중 하나로, 대부분 강력한 항산화·항염 작용을 한다. 페놀 화합물은 구조에 따라 크게 모노페놀과 폴리페놀로 나뉜다. 폴리페놀은 다시 플라보노이드, 페놀릭산, 스틸벤류, 리그난, 탄닌 등의 하위 그룹으로 세분된다.

대분류	중분류	세부 분류	
페놀 화합물	모노페놀	아피올	
		카르노솔	
		카바크롤	
		딜라피올	
		로즈마린산	
	폴리페놀	플라보노이드	케르세틴
			진저롤
			캠페롤
			미리세틴
			루틴
			헤스페리딘
			나린제닌
			실리마린
			아피게닌
			텐저리틴
			카테킨류

대분류	중분류	세부 분류	
페놀 화합물	폴리페놀	플라보노이드	프로안토시아니딘
			펠라고니딘
			피오니딘
			시아니딘
			델피니딘
			말비딘
			다이드제인
			제니스테인
			글리시테인
		페놀릭산	엘라그산
			갈릭산
			살리실산
			바닐린
			캡사이신
			커큐민
			카페익산
			클로로겐산
			시나믹산
			페룰산
			쿠마릭산
		리그난	실리마린
			세코이소라리시레시놀
		스틸벤류	레스베라트롤
		탄닌	엘라그산
			푸니칼라진

케르세틴

케르세틴quercetin은 대표적인 플라보노이드 성분으로, 강력한 항산화 작용을 통해 활성산소를 중화하고 염증을 억제한다. 면역 기능 조절 효과도 있어 알레르기 증상을 완화하고, 위장을 보호하며, 당뇨병 합병증과 심혈관계 질환 예방에 도움이 된다. 항암 효과도 보고되며, 특히 피부암과 전립선암에서 유의미한 작용을 보인다.

케르세틴은 섭취 시 소장에서 25% 정도 흡수되며, 일부는 대장에서 장내 미생물의 도움을 받아 흡수된다. 양파, 포도, 사과 등 채소와 과일의 껍질에 풍부하며, 특히 양파는 조리 시 케르세틴이 수용성으로 빠져나오기 때문에 수프 형태로 먹으면 더 효과적으로 섭취할 수 있다.

진저롤

진저롤gingerol은 생강 특유의 매운맛을 내는 성분으로, 생강에만 존재하는 파이토케미컬이다. 항산화 작용이 강력하여 세포 내 산화 스트레스를 줄이고, 항산화 물질인 글루타치온의 손실을 억제한다. 염증을 줄이는 효과도 뛰어나 퇴행성 관절염이나 류머티즘에 따른 통증과 부기를 완화한다.

진저롤은 대사 촉진 효과도 있어 몸을 따뜻하게 하고 땀이 나게 하며, 구토를 억제해 임신 초기 입덧을 가라앉히는 데 도움이 된다.

항암 효과 또한 주목할 만한데, 대장암 세포의 성장을 억제하고 난소
암 세포의 자살(자진 괴사)을 유도하는 등 암 예방과 치료에 긍정적인
역할을 한다.

진저롤은 열을 가하면 진저론으로 변하면서 맛이 달라지고 성질
도 일부 변하지만, 건강 효과는 조리 후에도 일정 부분 유지된다. 생
강은 진저롤 성분 덕분에 소화기 건강, 면역력 강화, 항암 등 다양한
측면에서 유익한 식품이다.

캠페롤

페놀 화합물 〉 플라보노이드 계열 〉 캠페롤

캠페롤kaempferol은 대표적인 플라보노이드 성분으로, 강력한 항산화
작용을 통해 활성산소에서 지질과 DNA의 산화와 손상을 막는다. 나
쁜 콜레스테롤의 산화를 억제하고, 혈소판 응집을 방지해 동맥경화
진행을 늦추며, 암 예방 효과도 있다. 특히 항암 약에 대한 내성을 줄
이는 데 도움을 주고, 여성호르몬 수용체 생성을 억제하여 호르몬 의
존성 유방암 예방에도 기여한다.

캠페롤은 같은 플라보노이드 계열의 케르세틴과 함께 섭취하면 시
너지 효과를 내며, 항산화·항암 작용이 강화된다. 물에는 잘 녹지 않
으나, 뜨거운 에탄올에는 잘 녹는다. 양배추, 사과, 양파, 자몽과 라임
등 감귤류, 포도, 레드 와인, 은행잎 등에 많이 들어 있다.

헤스페리딘

헤스페리딘hesperidin은 레몬과 오렌지 같은 감귤류 껍질에 풍부한 플라보노이드 성분으로, 유럽에서는 '비타민 P'라고도 불리며 정맥 부전과 치질 치료에 활용한다. 강력한 항산화 작용과 염증 억제 효과가 있으며, 혈중 지질과 나쁜 콜레스테롤 수치를 낮춘다. 모세혈관 건강을 유지하고, 알레르기와 건초열을 완화하며, 뼈의 약화를 막는 데 도움을 주고, 항암 효과도 보고되었다. 루틴과 함께 작용하면 모세혈관 보호 효과가 더 커지고, 아피게닌과 병용 시 상승효과도 기대할 수 있다.

아피게닌

아피게닌apigenin은 파슬리와 셀러리, 바질, 카모마일 같은 허브류, 사과와 브로콜리, 토마토, 양파 등 여러 채소와 과일에 고루 들어 있는 플라보노이드 성분이다. 항산화와 염증 억제 작용이 뛰어나며, 알레르기 반응을 줄이고 우울증을 완화하는 데 효과가 있다. 뼈 건강을 지키고, 심장근육을 보호하며, 염증성 장 질환과 피부 질환 완화에 도움을 준다. 요산 생성을 억제해 통풍을 예방하고, 항암 작용도 두드러진다. 암세포의 혈관 신생과 전이를 억제하며, 특히 소화기계 암과 자궁경부암, 난소암, 백혈병 예방에 효과를 보인다. 헤스페리딘과 병용하면 항산화·항암 효과가 더욱 강력해진다.

안토시아닌

페놀 화합물 〉 플라보노이드 계열 〉 안토시아닌 ─────────

안토시아닌anthocyanin은 식물의 꽃, 과일과 채소에 자연적으로 존재하는 천연색소로, 빨강과 자주, 파랑 등의 색을 띤다. 특히 껍질 바깥쪽에 많이 분포하며, 색이 진할수록 함량이 높다. 산성 환경에서는 붉은빛을, 알칼리성 환경에서는 푸른빛을 띤다.

항산화 작용이 뛰어나 활성산소에서 세포를 보호하고, 특히 고기를 태울 때 나오는 물질(벤조피렌 등)에서 암 발생을 억제하는 데 도움이 된다. 심혈관계 질환 예방, 항암 작용, 비만과 당뇨병 억제, 염증 완화 등의 기능도 보고되고 있다.

안토시아닌은 여러 종류가 있으며, 대표적인 성분으로는 시아니딘, 델피니딘, 말비딘 등이 있다. 시아니딘은 혈관 손상을 막아 심혈관계 질환 예방, 항암 작용, 염증 억제 등의 효능이 있으며, 비만과 당뇨병에도 효과가 있는 것으로 보고된다. 시아니딘은 빨간 사과, 배, 빌베리, 블루베리, 체리, 크랜베리, 자두, 코코아 등 진한 색을 띠는 과일 껍질에 많다.

제니스테인

페놀 화합물 〉 플라보노이드 계열 〉 이소플라본 계열 〉 제니스테인 ─────

제니스테인genistein은 콩류에 주로 들어 있는 이소플라본 계열의 파이토케미컬로, 식물성 에스트로겐피토에스트로겐으로 알려져 있다. 여성호르몬 에스트로겐과 구조가 유사하지만, 스테로이드는 아니다. 제니스테인은 체내에서 여성호르몬처럼 작용하거나 여성호르몬의 작용을 방해하는 이중적인 역할을 한다.

항산화 작용을 통해 활성산소에 의한 지질 산화를 억제하고, 세포 내 항산화 효소의 활성을 강화한다. 그 결과 죽상 동맥경화 예방, 알코올의존증 치료 효과가 있으며, 골다공증 예방에 도움이 된다.

특히 항암 효과가 뛰어나 암세포의 혈관 신생과 성장을 억제하고, 세포 자살을 유도하는 기능이 있다. 유방암, 자궁내막암, 직장암, 전립선암 등 호르몬 의존성 암 예방에도 긍정적인 효과를 보인다. 콩, 특히 대두에 많다.

엘라그산

페놀 화합물 〉 페놀릭산 계열 〉 엘라그산 ─────────────

엘라그산ellagic acid은 식물이 병원균이나 곤충에게서 자신을 보호하기 위해 생성하는 자연 방어 물질 중 하나로, 항산화력이 우수한 파이토케미컬이다. 물에 잘 녹아 체내 흡수가 원활하다.

항산화 작용을 통해 활성산소에서 세포를 보호하며, 암 억제 유전자(P53)의 손상을 막고, 돌연변이를 유발하는 물질이 DNA에 결합하는 것을 억제함으로써 강력한 항암 효과를 나타낸다. 유방암, 식도암, 전립선암, 장암, 폐암 등 다양한 암에서 효과가 보고되었으며, 암세포 전이 차단에도 도움이 된다.

항암 치료 부작용을 완화하는 데 효과가 있으며, 특히 전립선암 치료 시 보조 요법으로 주목받고 있다. 이외에도 간의 해독 기능을 강화하여 체내 독소 배출에 도움을 준다. 산딸기, 딸기, 크랜베리, 석류 등 베리류와 호두, 피칸 등 견과류에 많다.

커큐민

페놀 화합물 〉 페놀릭산 계열 〉 커큐민

커큐민curcumin은 강황과 울금, 생강 등에서 발견되는 노란 색소 성분으로, 오래전부터 향신료뿐 아니라 염증과 피부 질환 치료에 널리 쓰여 온 파이토케미컬이다. 다만 물에는 잘 녹지 않으며, 체내 흡수 후 빠르게 분해·배출된다. 검은 후추의 피페린 성분은 커큐민의 흡수를 약 20배까지 높여 주므로 함께 섭취하는 것이 좋다.

커큐민은 강력한 항산화 작용을 하며, 글루타치온 같은 항산화 효소의 합성을 촉진한다. 염증 억제 효과가 커서 췌장염, 관절염, 염증성 장 질환(크론병, 궤양성 장염), 위염, 알레르기 등에 효과가 있다. 염증을 억제해 암으로 진행하는 것을 막고, 암세포의 증식과 전이, 혈관 신생을 차단한다. 암세포의 자살을 유도하며, 특히 대장암을 비롯한 소화기계 암에서 항암 효과가 높다.

이외에 알츠하이머와 뇌졸중 예방, 체지방 감소, 숙취 해소, 간 기능 회복 등 다양한 건강 효과가 보고되어 있으며, 최근에는 당뇨병, 자가면역질환, 심혈관 질환 등에서도 유의미한 결과가 발표되고 있다. 강황은 하루 10g 이상 섭취하면 담낭을 급속도로 수축시켜 담석 증상을 악화시킬 수 있으니 주의가 필요하다.

레스베라트롤

페놀 화합물 〉 스틸벤류 계열 〉 레스베라트롤

레스베라트롤resveratrol은 포도 껍질, 레드 와인, 포도 주스, 베리류 등에 들어 있는 스틸벤류 계열의 파이토케미컬이다. 와인을 만들 때 케르세틴, 카테킨, 탄닌계 폴리페놀과 함께 추출되며, 특히 포도 껍질에 풍부하다. 체내 흡수는 잘되지만 빠르게 배출되며, '프렌치 패러독스(레드 와인을 즐기는 프랑스인의 낮은 심장 질환 사망률)'를 설명하는 대표 성분으로 알려져 있다.

레스베라트롤은 식물이 외부의 스트레스나 상처, 자외선, 곰팡이 감염 등에 반응해 스스로 보호하기 위해 생성하는 식물성 항생제다. 이 성분은 강력한 항산화 작용을 하며, 활성산소를 중화하고 나쁜 콜레스테롤의 산화를 억제하여 동맥경화 같은 심혈관계 질환의 위험을 낮춘다. 간 해독 기능도 강화하는데, 특히 2단계 해독 효소 활성화로 발암물질의 해독을 돕는다. 암 발생 3단계(개시-촉진-진행)를 모두 차단하는 항암 작용이 있는 것으로 보고된다. 레스베라트롤은 장수 유전자 시르투인의 발현을 촉진하여 노화 억제와 수명 연장에 도움을 주며, 부정맥 예방과 심혈관 보호 효과도 있다.

테르페노이드

테르페노이드terpenoid는 일종의 독소로, 식물이 곤충과 동물의 공격

을 방어하는 물질이다. 살균 작용으로 방부제 역할을 하고 살충제로
도 쓰인다. 독소로 작용할 때는 호흡기 장애, 폐 질환, 소화기 장애(복
통, 경련, 설사)를 일으킬 수 있다. 테르페이노이드는 카로테노이드, 모
노테르펜, 세스퀴테르펜, 디테르펜, 트리테르펜으로 나뉜다.

대분류	중분류	세부 분류
테르페노이드	카로테노이드	알파카로틴
		베타카로틴
		라이코펜
		파이토플루엔
		파이토엔
		칸타크산틴
		크립토크산틴
		제아잔틴
		루테인
	모노테르펜	리모넨
		페릴릴알코올
	세스퀴테르펜	아르테미시닌
	디테르펜	파이토엔
		피톨
테르페노이드	트리테르펜	올레아놀산
		우르솔산
		사포닌

리모넨

레몬과 오렌지의 상큼한 향을 책임지는 리모넨limonene은 감귤류 껍질에 많으며, 셀러리나 만다린에도 소량 포함되어 있다. 리모넨은 식물의 방어 물질로 자외선이나 병원체에서 식물을 보호할 뿐 아니라, 인간에게도 다양한 건강 효과를 제공한다. 스트레스를 완화하고 염증 반응을 억제하는 데 도움을 주며, 피부 세포를 재생시키는 작용도 한다. 대장암과 유방암, 림프종 세포의 성장과 전이를 막고, 암세포의 자살을 유도하는 항암 효과도 보고되었다. 특히 간에서 발암물질을 해독하는 효소 생성을 촉진해 암 발생을 억제하는 작용으로 주목받는다.

리모넨은 항암제의 효과를 높이고 부작용을 줄이는 데도 기여한다. 감귤류 껍질은 일반적으로 버리지만, 리모넨을 비롯해 건강한 파이토케미컬이 풍부하므로, 잘 말려 차로 우려 마시거나 제스트zest 형태로 요리에 활용하는 것이 좋다.

베타카로틴

베타카로틴β-carotene은 대표적인 카로테노이드 성분으로, 체내에서 비타민 A로 전환되는 전구체다. 당근, 단호박, 고구마처럼 붉거나 주황색 계열 채소와 과일에 풍부하며, 색이 짙을수록 베타카로틴 함량이 많다. 브로콜리, 시금치, 케일 등 짙은 녹색 채소 역시 베타카로틴을 다량 함유하지만, 엽록소에 색이 가려 눈에 띄지 않을 뿐이다. 베타카로틴은 지용성이기 때문에 기름과 함께 조리하면 체내 흡수율이 높아진다. 다량 섭취 시 피부가 노랗게 변하는 증상이 나타날 수 있으나, 이는 무해하다. 다만 보충제로 과하게 섭취하면, 특히 흡연자의 경우 폐암 발생 위험이 증가할 수 있다는 연구 결과가 있다.

베타카로틴은 항산화 작용을 통해 광합성 과정에서 발생하는 활성산소를 제거하며, 세포 간의 신호 전달을 원활하게 하여 암 발생 위험을 낮춘다. 정상적인 성장과 발달, 시력 보호, 면역 기능 유지에 기여한다. 심혈관계 질환 예방에 효과적이며, 피부 보호 기능이 뛰어나 자외선으로 인한 홍반 반응을 줄이는 데 도움이 된다. 면역력을 증진하고 노화 방지에도 긍정적인 영향을 미친다.

루테인, 제아잔틴

테르페노이드 〉 카로테노이드 〉 크산토필 〉 루테인, 제아잔틴 ────

루테인lutein 과 제아잔틴zeaxanthin은 구조가 유사한 이성질체로, 모두 지용성 노란 색소이자 대표적인 황반 색소다. 주로 케일, 시금치, 브로콜리, 양배추, 방울양배추, 강낭콩, 완두콩, 양상추 등 녹색 채소와 옥수수, 키위, 오렌지, 망고, 달걀노른자 등에 풍부하다. 두 성분은 식물에서 자외선과 활성산소로 인한 손상을 막기 위한 방어 물질로 생성되며, 인체 내에서는 주로 망막에 중요한 역할을 한다. 루테인은 황반 전체에 넓게 분포하고, 제아잔틴은 시력의 핵심 부위인 중심와fovea에 특히 많이 존재한다.

이들은 자외선으로부터 망막과 수정체를 보호하고, 강력한 항산화 작용을 통해 노화에 따른 백내장과 황반변성을 예방한다. 관상동맥 질환과 뇌졸중, 피부암과 햇볕에 의한 피부 손상 예방에도 효과가 있는 것으로 알려져 있다. 카로틴과 달리 비타민 A로 전환되지 않지만, 체내 흡수율이 높고 지방과 함께 섭취할 때 더욱 잘 흡수된다.

라이코펜

테르페노이드 〉 카로테노이드 〉 카로틴류 〉 라이코펜 ————————

라이코펜lycopene은 빨간색·주황색·노란색 채소와 과일에 존재하는 카로테노이드 계열의 파이토케미컬로, 식물이나 미생물이 자외선, 열 등 외부 스트레스에서 자신을 보호하기 위해 생성하는 천연색소다. 카로테노이드 계열에 속하지만 비타민 A로 전환되지는 않으며, 지용성 성분이므로 지방과 함께 섭취할 때 체내 흡수율이 증가한다. 특히 열이나 기계적 가공을 거치면 체내 흡수율이 높아져, 생토마토보다 토마토소스나 주스로 섭취할 때 효과적이다. 베타카로틴, 펙틴, 올리브유 등과 함께 먹으면 흡수율이 더 높아진다.

라이코펜은 매우 강력한 항산화제로, 베타카로틴보다 항산화력이 뛰어난 것으로 알려져 있다. 활성산소를 제거하고 세포 간 통신 기능을 향상해, 인슐린 유사 성장인자(IGF-1)에 의한 암세포 증식을 억제하며, 특히 전립선암 예방 효과가 뛰어나다. 이외에도 위암, 대장암, 폐암, 유방암, 자궁경부암, 난소암 등 다양한 암의 발생률을 낮추는 데 기여한다. 간에서 콜레스테롤 합성을 억제하고 나쁜 콜레스테롤의 산화를 방지해 심혈관계 질환 예방에 효과적이다. 혈소판 응집을 억제하고 거품 세포 형성을 막아 동맥경화도 예방한다. 골다공증, 고혈압과 남성 불임, 파킨슨병과 알츠하이머성 치매 같은 노화 관련 신경 퇴행성 질환 예방에 효과가 있으며, 당뇨병 합병증을 줄이고 면역 기능을 강화한다.

유기황 화합물

간의 해독 작용 중 2단계 해독 효소의 활성화에 필요한 글루코시놀레이트를 제공한다. 십자화과十字花科 채소에 들어 있는 글루코시놀레이트는 이소티오시아네이트와 인돌-3-카비놀로 전환되고, 부추과 채소에서는 티오설포네이트로 전환된다. 유기황 화합물은 글루코시놀레이트와 알리움 계열로 나뉜다.

대분류	중분류	세부 분류
유기황 화합물	글루코시놀레이트	이소티오시아네이트
		인돌-3-카비놀
	알리움계	티오설포네이트
		알리인
		알리신
		아존

글루코시놀레이트 계열

글루코시놀레이트glucosinolate는 브로콜리, 케일, 콜리플라워, 양배추, 무, 배추, 물냉이, 겨자, 청경채 등 십자화과 채소에 풍부한 유기황 화합물이다. 글루코시놀레이트는 미로시나아제라는 효소에 의해 분해되어 생리 활성이 높은 이소티오시아네이트나 인돌-3-카비놀 등의 항암 물질로 전환된다. 이 과정은 채소를 씹거나 썰 때 일어나며, 매운맛이나 쓴맛, 자극적인 향도 발생한다.

글루코시놀레이트 유래 물질은 발암물질과 결합해 체외로 배출하거나, 세포분열을 조절하는 신호 전달 체계를 차단해 암세포의 성장과 전이를 억제한다. 폐암, 유방암, 전립선암, 대장암, 자궁경부암 등 다양한 암에 예방과 억제 효과를 보인다. 간 해독 기능 강화, 염증 억제, 항균 작용 등 복합적인 생리 활성도 있다.

이소티오시아네이트

유기황 화합물 〉 글루코시놀레이트 계열 〉 이소티아오시아네이트 ——————

이소티오시아네이트isothiocyanate는 글루코시놀레이트가 미로시나아제의 작용으로 전환·생성되는 강력한 항암 성분이다. 약리 효과가 글루코시놀레이트보다 6배 이상 강하고, 특히 폐암과 유방암, 대장암에 탁월한 효과를 보인다. 발암물질 생성을 억제하고, 간 해독 과정에서 해독 효소(2단계 효소)를 활성화하여 체내 독소를 제거하는 데 관여한다. 항염 작용과 더불어, 헬리코박터 파일로리균을 억제하는 항균 작용도 보고되었다. 항암 약에 내성이 생긴 백혈병 세포 자멸을 유도할 수 있다.

인돌-3-카비놀

유기황 화합물 〉 글루코시놀레이트 계열 〉 인돌-3-카비놀

인돌-3-카비놀indole-3-carbinol은 글루코시놀레이트가 효소 작용을 통해 전환되는 물질이며, 간의 해독 효소 생성을 촉진하여 암을 유발하는 유해 물질을 중화한다. 암세포 분열 억제, 세포 자살 유도, 혈관 신생 차단 등의 경로로 항암 작용을 하며, 특히 에스트로겐 수용체 조절을 통해 유방암 같은 호르몬 의존성 암 예방에 효과적이다. 자궁경부암 치료 보조 효과도 있다.

채소와 과일 색깔로 먹는 파이토케미컬

토마토

주요 파이토케미컬	
테르페노이드	라이코펜, 베타카로틴, 제타카로틴, 파이토엔
페놀 화합물	캠페롤, 케르세틴, 쿠마릭산, 클로로겐산

건강 효과

○ **강력한 항산화 작용**

라이코펜은 자연계에서 활성산소 제거 능력이 가장 강력한 성분으로, 세포 손상을 막고 노화를 억제함. 토마토는 라이코펜의 주요 공급원으로 알려짐.

○ **항암 효과**

전립선암, 폐암, 위암, 대장암, 췌장암, 유방암, 자궁경부암 등 다양한 암의 예방과 치료에 효과적. 특히 전립선과 폐에 축적되어 암 발생률을 현저히 낮춤.

○ **심혈관·폐 질환 예방**

나쁜 콜레스테롤 산화 억제, 심장·폐 질환 예방에 기여

○ **신경계 보호**

파킨슨병, 알츠하이머병 등 노인성·신경 퇴행성 질환 예방

○ **호르몬·생식 건강**

고혈압 예방, 골다공증 억제, 남성 불임 예방에 기여

소화 흡수율을 높이는 조리법

열과 기름을 함께 사용하는 조리법이 흡수율을 크게 높인다. 생토마토보다 가열한 토마토 요리(예: 수프, 볶음, 소스 등)가 라이코펜의 체내 흡수율이 높다.

🔔 **추천 요리** 토마토 채소 볶음, 구운 토마토 수프, 토마토 달걀 볶음, 토마토 보양숙, 토마토 스파케티

빨간 파프리카

주요 파이토케미컬	
테르페노이드	루테인, 알파카로틴, 베타카로틴, 칸타크산틴, 제아잔틴, 베타−크립토크산틴, 캡산틴
페놀 화합물	헤스페리딘, p−쿠마릭산, 클로로겐산

건강 효과

○ **강력한 항산화 작용**

활성산소를 제거해 노화와 세포 손상 예방

○ **면역력 강화, 생활 습관병 예방**

감염, 암, 심혈관 질환 등 예방

○ **피부 미용, 노화 방지**

콜라겐 합성, 모세혈관 강화

○ **지방 대사 촉진**

비타민 C와 카로테노이드가 지방 활용에 도움

소화 흡수율을 높이는 조리법

빨간 파프리카는 지용성 파이토케미컬이 풍부해 기름에 익혀서 섭취하면 흡수율이 높아진다. 비타민 C는 열에 잘 파괴되지 않기 때문에 조리해도 영양 손실이 적다.

🍲 **추천 요리** 파프리카 올리브유 볶음, 파프리카 치킨 스튜, 파프리카 오븐 구이, 파프리카 파스타

빨간 사과

주요 파이토케미컬	
테르페노이드	베타카로틴, 라이코펜
페놀 화합물	케르세틴, 카테킨류, 프로안토시아니딘, 시아니딘, 미리세틴, 루틴, 카페익산, 페룰산
기타	글루카르산

건강 효과

○ **피로 회복과 피부 미용**

유기산(사과산, 구연산 등)이 피로물질을 제거하고, 피부 건강에 도움

○ **장 건강과 변비 예방**

수용성 식이섬유 펙틴이 장운동을 자극하고, 유해 물질을 흡수해 배출

○ **케르세틴의 효과**

: 강력한 항산화·항염증·항바이러스 작용

: 천식, 두드러기, 고초열 등 알레르기 증후군 완화

: 통풍, 췌장염, 전립선염 등 염증성 질환 치료 보조

: 심혈관 질환과 당뇨병 합병증, 암 예방

: 자가면역 조절과 세포 자살 유도로 악성종양 억제

: 피부암과 전립선암 예방 효과 탁월

○ **콜레스테롤과 혈당 조절**

펙틴이 당과 지방 흡수를 낮춰 혈당·콜레스테롤 수치 감소에 기여

소화 흡수율을 높이는 조리법

사과는 깨끗이 씻어 껍질째 섭취하는 것이 가장 효과적이다. 껍질에 풍부한 케르세틴은 다른 플라보노이드와 함께 섭취할 때 항산화·항암 효과가 강화된다.

🍲 **추천 요리** 사과 당근 주스, 사과 조림, 사과 견과류 샐러드, 사과 오트밀

딸기

주요 파이토케미컬	
페놀 화합물	안토시아닌, 엘라그산, 카페익산, 페룰산
기타	글루타치온, 리그난

건강 효과

○ **항산화 작용**

  강력한 항산화 작용, 노화 방지와 면역력 증진에 기여

○ **피부 건강**

  풍부한 비타민 C와 안토시아닌이 피부 미용과 재생을 도움

○ **심혈관 건강**

  펙틴이 콜레스테롤 수치를 낮추고 혈관 건강에 기여

○ **항암 효과**

  : 엘라그산이 세포 자살을 유도해 암세포의 자연사 촉진

  : 간 해독 작용을 도와 발암물질 제거

  : 식도암, 피부암, 폐암, 전립선암 등 다양한 암 억제

  : 발암물질이 DNA와 결합하는 것을 차단하여 유전자 돌연변이 방지

  : 암 억제 유전자인 P53의 파괴 억제

  : 전립선암 치료 시 항암제 부작용 완화

소화 흡수율을 높이는 조리법

다양한 과일과 섞어 스무디 형태로 섭취하면 항산화 시너지 효과가 있다. 특히 오렌지, 바나나와 함께 먹으면 비타민 C와 파이토케미컬의 흡수율이 증가한다.

🍽 **추천 요리** 딸기 바나나 스무디, 딸기 샐러드, 딸기 요거트볼, 딸기 브루스케타

비트

주요 파이토케미컬	
테르페노이드	베타시아닌, 베타잔틴, 베타인
페놀 화합물	클로로겐산, 카페익산, 페룰릭산, 살리실산 등
기타	사포닌, 질산염

건강 효과

○ **항암 작용**

: 베타사이아닌 성분이 강력한 항암 작용을 하며, 특히 대장암 예방에 효과적

: 위장 내에서 발암 전구물질이 발암물질로 바뀌는 것을 억제

○ **간 기능 강화**

: 간 해독 기능을 돕고, 활성산소로부터 간세포 보호

: 콜레스테롤 과다 생성 억제, 지방간 예방 효과

○ **심혈관 건강**

호모시스테인 수치 감소로 동맥경화 예방에 기여

○ **신장 보호**

소변의 수분 조절 기능으로 신장 수질의 건강 유지

○ **항염 효과**

살리실산 성분이 염증 완화에 도움

소화 흡수율을 높이는 조리법

베타인 성분의 흡수를 높이기 위해 살짝 찌고, 산미 있는 재료(레몬즙 등)와 함께 섭취하는 것이 좋다. 스무디 형태로 가공하면 섭취량 증가, 흡수율 향상 효과가 있다.

🔔 **추천 요리** 비트 레몬 스무디, 비트 블루베리 스무디, 찐 비트 샐러드, 비트 피클, 비트 후무스, 비트 오트볼

당근

주요 파이토케미컬	
테르페노이드	알파카로틴, 베타카로틴, 베타−크립토크산틴, 루테인, 제아잔틴
페놀 화합물	아피게닌, 미리세틴, 카페익산, p−쿠마릭산, 클로로겐산
기타	피넨, D−리모넨, 터피네올, 터피넨

건강 효과

○ **베타카로틴 효능**

눈 건강, 면역력 강화, 피부 보호, 상피세포 유지, 학습력·기억력 향상에 기여. 성장기 아동에게도 중요한 영양소.

○ **항암 작용**

: NK세포의 암세포 공격력 강화

: 손상된 DNA를 복구하는 효소 활성화

: 세포 간 신호 전달 기능 향상으로 종양 억제

: 아피게닌과 터피네올이 암세포 성장 억제, 세포 자살 유도

○ **항염·항균 작용**

항곰팡이·항바이러스·항알레르기·항일광 작용 등 다중 보호 효과

○ **콜레스테롤·혈당 조절**

펙틴이 혈당 급상승 억제, 콜레스테롤 수치 개선에 도움

소화 흡수율을 높이는 조리법

기름과 함께 조리 시 베타카로틴 흡수율이 크게 증가한다. 껍질에 유효 성분이 많아 깨끗이 씻어 껍질째 섭취하는 것이 좋다.

🍽 **추천 요리** 당근 양배추 수프, 당근 토마토 주스, 당근 사과 주스, 당근 볶음, 당근 오트볼

단호박

주요 파이토케미컬	
테르페노이드	알파카로틴, 베타카로틴, 루테인, 제아잔틴
기타	클로로필(엽록소), 시트룰린(아미노산 유도체), 파이틱산

건강 효과

○ **항산화 작용, 노화 억제**

베타카로틴과 비타민 E의 시너지로 유해 산소를 제거해 노화 억제. 암과 심혈관 질환, 뇌졸중 등 생활 습관병 예방에 효과적임.

○ **면역력 증진, 점막 건강 강화**

점막 보호와 감염·감기 예방에 도움. 눈 건강과 피부 보호에 탁월함.

○ **폐암 예방**

미국 국립암연구소는 단호박을 포함한 노란색 채소가 폐암 예방에 효과적이라고 발표함.

○ **변비 개선, 미용 효과**

풍부한 식이섬유로 장운동 촉진해 변비 예방, 피부 미용에 좋음.

○ **신경 안정 효과**

신경조직 강화, 스트레스 해소와 불면증 개선

소화 흡수율을 높이는 조리법

충분히 가열하면 단맛이 강해지고 소화가 잘된다. 지방과 함께 섭취 시 베타카로틴의 흡수율이 향상되고, 견과류와 함께 섭취하면 카로틴 흡수를 높인다.

🔔 **추천 요리** 단호박 죽(찐 단호박과 불린 현미를 갈아 끓인 죽), 단호박 견과류 샐러드(찐 단호박 + 당근 + 파프리카 + 플레인 요구르트 + 다진 견과류), 단호박 수프

호박고구마

주요 파이토케미컬	
테르페노이드	베타카로틴, 루테인
페놀 화합물	카페익산, 클로로겐산, 케르세틴, 안토시아닌

건강 효과

- **항산화 작용**

  베타카로틴, 클로로겐산, 안토시아닌 등이 활성산소로부터 세포를 보호하고 염증을 완화함.

- **소화기관 기능 강화**

  풍부한 식이섬유가 장운동을 촉진하여 변비 예방에 효과적임.

- **혈당 유지**

  혈당 지수GI가 낮은 편이어서 당뇨병 예방과 혈당 관리에 도움이 됨.

- **심혈관 건강**

  칼륨이 풍부해 나트륨 배출을 촉진하고 혈압 조절에 도움이 되며, 안토시아닌과 클로로겐산이 콜레스테롤 수치를 낮춤.

- **면역력 증진과 항암 효과**

  베타카로틴은 체내에서 비타민 A로 전환되어 면역 세포 기능을 돕고, 암세포의 증식도 억제하는 것으로 알려짐.

소화 흡수율을 높이는 조리법

따뜻할 때 섭취하는 것이 좋으며, 찐 고구마는 소화가 잘된다. 지방, 견과류, 비타민 C 함유 식품과 함께 섭취하면 베타카로틴 흡수율을 높인다.

🛎 **추천 요리** 고구마 셰이크(차가운 고구마는 두유나 저지방 우유와 함께 셰이크로 만들면 흡수력과 포만감 증가), 고구마 경단(따뜻하게 찐 고구마를 으깬 뒤 사과, 견과류, 건포도를 넣고 경단으로 만들어 간편하게 섭취)

오렌지

주요 파이토케미컬	
테르페노이드	베타-크립토크산틴, 루테인, 제아잔틴, 파이토엔, 파이토플루엔, D-리모넨, 노밀린
페놀 화합물	헤스페리딘
기타	베타시토스테롤, 글루타치온, D-글루카르산

건강 효과

○ **항산화 효과, 면역력 강화**

비타민 C가 풍부해 활성산소 제거, 면역 기능 강화, 세포 손상 방지에 효과적임.

○ **심혈관 보호**

플라보노이드인 헤스페리딘은 혈압 강하, 콜레스테롤 감소, 심장 질환 예방 효과가 뛰어남.

○ **강력한 항암 작용**

: 베타-크립토크산틴은 유방암, 자궁암 억제 효과가 베타카로틴보다 5배 이상 강력함.

: 헤스페리딘이 유방암 세포의 성장 억제.

: D-리모넨은 껍질에 풍부하며, 암세포 성장 억제 효과가 헤스페리딘보다 45배 강력함.

소화 흡수율을 높이는 조리법

지용성 파이토케미컬 흡수를 위해 기름과 함께 섭취하면 효과적이다. 리모넨과 노밀린 등 유효 성분을 섭취하려면 껍질째 섭취하거나 껍질을 말려서 차로 활용하는 것이 좋다.

⌂ **추천 요리** 오렌지 생강 계피차(깨끗이 씻은 껍질을 말려 생강, 계피와 함께 끓임), 오렌지 드레싱 샐러드(오렌지즙에 올리브유를 섞어 샐러드 드레싱으로 사용)

귤

주요 파이토케미컬	
테르페노이드	베타카로틴, 베타−크립토크산틴, 리모넨
페놀 화합물	헤스페리딘

건강 효과

○ **항산화 효과, 면역력 강화**

비타민 C가 풍부해 감기 예방, 면역력 강화, 피부 건강, 피로 회복, 스트레스 해소에 탁월함.

○ **심혈관 건강과 항암 효과**

: 헤스페리딘이 모세혈관 강화, 콜레스테롤 조절, 동맥경화 예방 효과가 있으며, 유방암 세포의 성장을 억제하고 항염·항암 작용을 함.

: 베타−크립토크산틴은 심혈관 질환과 골다공증 예방, 유방암·자궁암 억제에 효과적임.

○ **항알레르기 효과**

마스트 세포로부터 히스타민 방출을 억제해 건초열과 알레르기 증상을 줄임.

○ **피로 회복과 대사 증진**

구연산과 사과산 등 유기산이 풍부하여 에너지대사를 돕고, 피로 해소에 효과적임.

소화 흡수율을 높이는 조리법

카로틴은 열에 강해 조리해도 손실이 적음. 껍질에 유효 성분이 많으므로 유기농 귤은 껍질째 섭취하면 좋다. 껍질을 말려서 생강, 계피와 함께 끓이면 항암 효과를 더할 수 있다.

🔔 **추천 요리** 귤피 생강 계피차

바나나

주요 파이토케미컬	
테르페노이드	알파카로틴, 베타카로틴
페놀 화합물	캠페롤, 케르세틴, 루틴, 바닐린산, 클로로겐산

건강 효과

- **혈압 조절, 심혈관 건강**

  : 칼륨이 풍부하여 앤지오텐신 생성을 억제하고, 이뇨 작용을 촉진하여 혈압을 낮춤.

  : 프리라디칼 억제, 혈전 형성 억제, 동맥경화 예방에 기여

  : 콜레스테롤 수치 개선에 효과적

- **소화 촉진, 장 건강**

  : 프락토올리고당이 대장 내 유산균 증식 촉진

  : 식이섬유가 풍부하여 변비 예방, 장 기능 향상

- **뼈 건강, 근육 보호**

  : 망간과 함께 작용하여 뼈 밀도 강화

  : 운동 후 근육 경련 완화

- **기분 안정, 수면 유도**

  트립토판이 세로토닌과 멜라토닌 생성을 도와 수면 유도, 진정 효과

- **항산화·항암 효과**

  클로로겐산의 강한 항산화 작용으로 암과 동맥경화 예방

소화 흡수율을 높이는 조리법

바나나는 소화 흡수가 빠르고, 다양한 과일·채소와 잘 어울린다. 스무디, 천연 아이스크림, 샐러드에 활용하거나 케일, 시금치, 사과와 함께 갈아서 그린 스무디로 만들면 채소 섭취량도 늘릴 수 있다.

🍽 **추천 요리** 바나나 오트 요거트볼, 바나나 채소 샐러드, 바나나 땅콩버터 토스트

보관·섭취 시 주의 사항

바나나는 후숙 과일로, 실온(13~16℃)에 거꾸로 매달아 보관하면 오래 유지됨.

반점이 생겼을 때가 가장 맛있고 영양가 높음(그러나 당뇨병이 있는 경우 덜 익은 바나나를 먹는 것이 좋음. 덜 익은 바나나에는 저항성 전분이 많아 혈당을 천천히 올림).

레몬즙을 살짝 뿌리면 색과 향 보존 가능.

수입 바나나는 농약 처리 가능성이 있으므로, 물로 세척 후 껍질을 벗기고 꼭지 부분을 1cm 이상 잘라 내고 섭취하는 것이 좋음.

껍질에 농약이 남아 있을 수 있어, 위생 관리에 주의해야 함.

시금치

주요 파이토케미컬	
테르페노이드	베타카로틴, 루테인, 제아잔틴, 사포닌
페놀 화합물	파투레틴, 스피나세틴과 그 배당체
기타	글루타치온, 알파−리포산, D−글루카르산, 클로로필

건강 효과

○ **항암·해독 작용**

: 클로로필은 대장암·간암 유발 물질의 체내 흡수를 막고, 위암·대장암 발병
률을 낮춤.

: 글루타치온은 DNA 손상을 막고, 공해 물질 해독과 면역력 향상에 기여.

: 알파-리포산은 노화 억제, 암 유발 차단, 에너지대사 촉진.

○ **눈 건강**

루테인과 제아잔틴은 백내장과 황반변성 예방

○ **심혈관 건강, 혈액응고 기능**

: 엽산은 호모시스테인 분해로 동맥경화 예방, 심장 질환과 폐암 예방에 기여

: 비타민 K는 혈액응고, 뼈 건강 유지에 필수

○ **빈혈 예방**

철분이 풍부하여 빈혈 예방과 치료에 효과적

소화 흡수율을 높이는 조리법

시금치는 데쳐서 기름과 함께 섭취할 때 파이토케미컬 흡수율이 높아진다. 시금치에 함유된 수산은 칼슘과 결합해 결석 유발 위험이 있으므로, 칼슘 함량이 높은 두부와 함께 과다 섭취하지 말 것.

🍲 **추천 요리** 기름 무침(데친 시금치에 들기름과 참기름, 깨소금을 넣고 무침), 볶음(양파와 표고버섯을 볶은 후 데친 시금치와 참깨를 넣고 볶음)

브로콜리

주요 파이토케미컬	
테르페노이드	클로로필, 루테인, 제아잔틴, 베타카로틴
유기황 화합물	설포라판, 인돌-3-카비놀, 글루코에루신, 글루코브라신, 글루코이베린
페놀 화합물	카페익산, 케르세틴, 리그난
기타	비타민 C·E, D-글루카르산, 알파-리포산

건강 효과

○ **강력한 항암 작용**

: 설포라판이 발암물질과 공해 물질 제거를 돕는 2단계 해독 효소 유도, 헬리코박터 파일로리균 제거.

: 인돌-3-카비놀이 에스트로겐 수용체 차단, 유방암·대장암·폐암 예방

: D-글루카르산, 니트로사민 등이 발암물질 해독

: 클로로필은 간 해독, 곰팡이 독소로 인한 간암 예방

○ **항산화 작용, 면역력 증진**

: 비타민 C·E, 베타카로틴이 활성산소 제거, 면역력 강화

: 알파-리포산이 산화 스트레스 억제, 노화 방지

○ **눈·심혈관 건강**

: 루테인과 제아잔틴이 백내장 예방, 심혈관 보호

: 케르세틴이 혈관 확장, 염증 억제로 고혈압 예방에 도움

○ **뼈 건강, 태아 발달**

칼슘이 골다공증 예방, 엽산은 태아 신경계 결손 예방

소화 흡수율을 높이는 조리법

브로콜리는 잘게 썰어 15분간 두면 식물 내 효소 작용으로 글루코시놀레이트가 활성 파이토케미컬(설포라판 등)로 전환된다. 끓는 물에 10초 정도 데치거나,

수프로 만들어 국물까지 섭취하면 좋다. 양파, 당근과 함께 섭취하면 항암 효과와 흡수율이 상승한다. 잘게 다져 유리병에 담아 냉장 보관 후 국, 찌개, 밥 등에 활용 가능하다.

추천 요리 브로콜리 수프(양송이, 양파와 함께), 브로콜리 당근 볶음, 브로콜리 양파 샐러드, 브로콜리 밥(뜸 들일 때 섞기)

주의 사항

브로콜리, 케일, 양배추 등 십자화과 채소는 몸에 이롭지만, 너무 많이 섭취하면 갑상선의 요오드 사용 능력을 방해하는 부작용을 초래할 수 있다. 요오드는 신체가 갑상선호르몬을 만드는 데 도움을 주며, 임신기와 유아기 뼈와 뇌 발달에 관여한다. 하지만 요오드 결핍이 있는 사람이 과잉 섭취하면 문제가 될 수 있다는 연구 결과가 있다.

케일

주요 파이토케미컬	
테르페노이드	루테인, 베타카로틴, 제아잔틴
유기황 화합물	인돌-3-카비놀, 설포라판, 글루코브라신, 알릴이소티오시아네이트
페놀 화합물	캠페롤, 케르세틴
기타	클로로필

건강 효과

○ **항암 효과, 해독 작용**

: 설포라판이 발암물질과 공해 물질 제거를 돕는 2단계 해독 효소 생성 유도

: 인돌-3-카비놀이 여성호르몬(에스트로겐) 작용을 차단해 유방암 예방

: 알릴이소티오시아네이트가 암세포(폐암, 유방암, 대장암 등)의 자살 유도, 분열 억제

: 클로로필이 간 해독, 곰팡이 독소 중화, 살균·탈취 효과

○ **눈 건강 증진, 심혈관 보호**

: 루테인과 제아잔틴이 황반변성·백내장 예방, 혈관 보호

: 케르세틴이 혈관 이완·항염 작용으로 심혈관 건강에 기여

○ **항산화 작용, 뼈 건강**

: 비타민 C, 베타카로틴, 캠페롤이 항산화 작용

: 비타민 K, 칼슘이 뼈를 튼튼하게 하고 골다공증 예방에 도움

소화 흡수율을 높이는 조리법

케일은 삶지 말고 찌거나 전자레인지를 이용해 조리한다. 요리 전에 잘게 썰어 15분 이상 두면 글루코시놀레이트가 설포라판 등 활성형으로 전환된다.

🔔 **추천 요리** 케일 사과 스무디, 찐 케일 무침, 케일 두부 샐러드, 케일 오믈렛

깻잎

주요 파이토케미컬	
테르페노이드	루테인, 베타카로틴, 페릴릴알코올, 토멘틱산
페놀 화합물	로즈마린산, 아피게닌, 루테올린, 미리스틴
기타	알파 리놀렌산(오메가-3 지방산), 클로로필

건강 효과

○ **항산화 작용, 항암 효과**

  : 베타카로틴, 클로로필, 다양한 페놀 화합물 성분이 세포 손상을 막고 벤조피렌 같은 발암물질 해독

  : 페릴릴알코올이 암세포 자살과 정상 분열 유도로 대장암, 유방암, 간암, 신장암 예방

  : 깻잎의 기름 성분이 염증성 장 질환, 자가면역성 신장 질환에서 나타나는 염증 반응 완화에 도움

  : 로즈마린산, 토멘틱산, 루테올린은 항염 작용이 강함

○ **뇌 건강 증진, 심혈관 보호**

  : 알파 리놀렌산이 혈중 중성지방과 콜레스테롤 수치를 줄이고, 혈전 예방

  : EPA, DHA로 전환되면서 뇌 발달, 기억력 증진, 학습력 향상에 도움

소화 흡수율을 높이는 조리법

깻잎김치, 깻잎찜 등 전통 음식보다 응용 요리가 흡수에 효과적이다. 표고버섯과 함께 먹으면 면역 조절 효과가 상승한다. 깻잎을 다져 넣은 죽 요리나 닭 가슴살 깻잎말이로 조리하면 풍미가 좋아 섭취량을 늘릴 수 있다.

🍽 **추천 요리** 깻잎 표고버섯 죽, 닭 가슴살 깻잎말이, 깻잎 페스토 파스타, 깻잎전

셀러리

주요 파이토케미컬	
테르페노이드	루테인, 제아잔틴
페놀 화합물	카페익산, 카페올리퀴닉산, 시나믹산, 쿠마릭산, 페룰산, 아피게닌, 루테올린
기타	클로로필

건강 효과

○ **항산화 작용, 항염 효과**

: 페놀 화합물의 페놀릭산 계열(카페익산 등)은 세포 손상과 혈관의 산화를 막아
주며, 소화기계·혈관 염증 완화에 탁월함.

: 루테올린, 아피게닌은 항산화 작용, 염증 완화와 신경 안정에 기여

○ **항암 작용**

: 루테올린은 암세포 성장 억제와 자살 유도로 항암 작용

: 아피게닌은 전립선암 억제, IGF-1(인슐린 유사 성장인자) 감소로 발암 위험 줄임

○ **신경계·관절 건강 증진**

: 신경염 억제로 신경계 보호 작용

: 통풍, 류머티즘 등 관절 질환 개선

○ **심혈관 건강 증진, 이뇨 작용**

: 이뇨 작용으로 고혈압과 심장 질환 예방

: 풍부한 식이섬유로 배변 촉진, 장 건강 유지

소화 흡수율을 높이는 조리법

셀러리는 생으로 먹거나 살짝 익힌다. 줄기 위주로 조리하고, 달걀과 볶거나 피
클을 만들면 좋다.

🍲 **추천 요리** 셀러리 피클, 감자 새우 셀러리 볶음, 셀러리 달걀 볶음, 셀러리 크
림수프

아보카도

주요 파이토케미컬	
테르페노이드	루테인, 제아잔틴
페놀 화합물	글루타치온, 플라보노이드 계열
기타	시토스테롤, 올레산, 리놀레산, 오메가-3 지방산

건강 효과

○ **심혈관 질환 예방**

: 올레산과 오메가-3 지방산이 풍부하여 LDL 콜레스테롤 수치를 낮추고 HDL 콜레스테롤 수치를 높임.

○ **항산화·항염 작용**

글루타치온 등의 항산화 성분이 염증을 줄여 혈관 건강 증진, 세포 노화 방지

○ **소화기 질환·당뇨 예방**

: 식이섬유가 풍부해 장 건강 증진, 변비 예방

: 섬유질과 건강한 지방이 혈당 상승 억제, 당뇨 예방

○ **항암 작용**

플라보노이드, 글루타치온 성분이 세포 돌연변이 억제, 발암물질 해독

○ **눈·피부 건강 증진**

: 루테인과 제아잔틴이 황반변성 등 노화성 눈 질환 예방

: 비타민 C·E가 피부 탄력과 모발 건강 개선

소화 흡수율을 높이는 조리법

생으로 섭취하거나 샐러드, 샌드위치에 활용한다. 레몬과 함께 먹으면 항산화 효과가 상승한다. 고칼로리 식품이라 하루 1/2~1개 권장하며, 라텍스 알레르기가 있는 경우 섭취에 주의한다. 숙성도에 따라 당분 함량 차이가 있다.

🍽 **추천 요리** 아보카도 토스트, 아보카도 연어 샐러드, 아보카도 바나나 스무디

가지

페놀 화합물	안토시아닌(나수닌), 클로로겐산, 카페익산, 탄닌
테르페노이드	사포닌

건강 효과

○ **콜레스테롤 개선**

고지방 식품과 함께 섭취 시 콜레스테롤 수치 감소에 도움

○ **항산화·항염 작용**

사포닌과 클로로겐산이 활성산소를 억제하여 피부 노화, 기관지 염증, 천식 완화에 효과적

○ **두뇌 보호, 노화 억제**

가지 껍질 속 나수닌 성분은 강력한 항산화제로 두뇌 세포막을 보호하고 노화를 늦춤.

○ **항암·항균 효과**

클로로겐산이 세포 손상 억제, 박테리아와 곰팡이 감염 예방에 도움

○ **눈 건강 증진**

안토시아닌이 시력 저하와 백내장 예방에 효과적

○ **이뇨·부종 완화**

체내 수분 배출을 촉진하여 부종 완화에 도움

소화 흡수율을 높이는 조리법

가지는 지방 흡수율이 높아 약한 불에서 기름에 살짝 볶으면 안토시아닌 색소 변색을 최소화할 수 있다. 또 소금에 절여 물기를 제거한 뒤 조리하면 조직이 부드럽고 떫은맛이 줄어든다. 임신부나 냉증이 있는 사람은 과다 섭취에 주의한다.

🍽 **추천 요리** 가지볶음, 가지구이, 양파 살코기 가지볶음, 가지무침

블루베리

주요 파이토케미컬	
페놀 화합물	안토시아닌 계열: 말비딘, 델피니딘, 펠라고니딘, 시아니딘, 페오니딘 하이드록시 시나믹산 계열: 카페익산, 페룰산, 쿠마릭산 하이드록시 벤조익산 계열: 갈릭산, 프로토카테추산 플라보노이드 계열: 캠페롤, 케르세틴, 미리세틴
기타	테로스틸벤, 레스베라트롤

건강 효과

○ **항산화·항염 작용**

안토시아닌이 산화 스트레스를 억제하고 신경계 퇴화 방지

○ **심혈관 건강 개선**

테로스틸벤이 LDL 콜레스테롤과 중성지방 수치를 낮추고, HDL 콜레스테롤 수치를 높임.

○ **인지 능력 강화**

: 뇌세포 손상을 막고 신호 전달을 개선해 기억력과 집중력 향상

: 아밀로이드 플라크 형성 억제로 알츠하이머병 예방, 방사선 손상 완화

○ **시력 보호**

망막 색소 생성을 돕고 미세혈관을 강화해 야맹증·백내장 예방

○ **항암 효과**

세포 손상을 억제해 암 예방에 도움

소화 흡수율을 높이는 조리법

안토시아닌은 열에 약하므로 생과 형태로 섭취하는 것이 좋다. 체내 체류 시간이 짧아 한 번에 많이 먹기보다 조금씩 자주 섭취하는 것이 효과적이다.

🍲 **추천 요리** 블루베리 그릭요거트볼, 블루베리 오트밀, 블루베리 비트 토마토 스무디

양파

주요 파이토케미컬	
페놀 화합물	케르세틴
유기황 화합물	디알릴설파이드, 다이알릴설폭사이드, 아릴설파이드

건강 효과

○ **자연 항생 효과**

항미생물 작용으로 천연 항생제 역할을 하며, 감염 예방에 도움을 줌.

○ **심혈관 건강 개선**

중성지방과 콜레스테롤 수치를 낮추고 혈전 형성과 혈압 상승 억제

○ **항알레르기·항염 작용**

케르세틴이 히스타민 분비를 억제해 알레르기와 염증 반응 완화

○ **혈당 조절**

유기황 화합물이 인슐린 분비를 촉진하여 혈당을 낮추고 당뇨병 예방에 도움

○ **항암 효과**

케르세틴과 유기황 화합물이 암세포 증식을 억제하고 종양 형성을 차단해 전립선암, 유방암, 대장암 등 다양한 암 예방에 기여.

소화 흡수율을 높이는 조리법

양파 껍질에 다량 함유된 케르세틴은 수용성이므로 수프, 찌개 등 국물까지 섭취하는 조리법이 유리하다. 양파를 썰고 15분 정도 있다가 조리하면 유화아릴 성분이 활성화되어 효과가 상승한다. 양파는 풍미가 좋아 설탕 대체·천연 향신료로 활용한다. 양파, 마늘, 대파를 함께 끓인 수프 형태로 섭취 시 건강 효과를 극대화할 수 있다.

🍲 **추천 요리** 양파 수프, 양파 달걀덮밥, 구운 양파 스테이크

마늘

주요 파이토케미컬

유기황 화합물	알리신(티오설피네이트), 알리인, S-알릴시스테인, 디알릴설파이드

건강 효과

○ **피로 회복, 에너지대사 촉진**

알리신이 비타민 B_1과 결합해 형성된 알리티아민이 탄수화물 대사를 활성화하여 피로 회복과 스태미나 증진에 도움을 줌.

○ **혈당 조절**

알리신이 췌장 세포를 자극해 인슐린 분비 촉진, 당뇨 개선 효과

○ **항균·항진균 작용**

강력한 항박테리아·항곰팡이 효과로 무좀, 칸디다 감염 등 억제

○ **심혈관 건강 개선**

: 디알릴설파이드가 적혈구 내 황화수소$_{H_2S}$ 생성을 유도해 혈관 확장과 혈압 강하 효과

: 셀레늄, 비타민 B_6·C, 망간 등이 나쁜 콜레스테롤 산화 방지, 동맥경화 예방

○ **항암 효과**

유기황 화합물이 세포분열을 억제하고 DNA 손상을 막아 암 예방에 도움

소화 흡수율을 높이는 조리법

마늘을 자르거나 찧은 후 15분 정도 있다가 사용하면 알리신 생성을 극대화할 수 있다. 생으로 섭취하는 게 가장 좋으며, 그다음으로 장아찌처럼 가공이 적은 형태가 적합하다. 생마늘 과다 섭취는 위 점막을 자극할 우려가 있어 하루 2~3쪽 섭취하고, 열성 체질이나 열성 질환이 있는 경우 생마늘 섭취는 삼간다.

🍽 **추천 요리** 마늘 대파 수프, 마늘볶음밥, 버터 통마늘구이

생강

주요 파이토케미컬	
페놀 화합물	진저롤(→ 진저론, 쇼가올)
테르페노이드	진지베인, 세스퀴터펜류

건강 효과

○ **입덧·멀미 완화**

진저롤이 구토 중추를 억제해 입덧, 멀미, 항암 치료 후 구토 완화에 효과

○ **식욕 촉진, 구강 건조 개선**

침 분비를 자극해 입맛을 돋우고, 생강차는 구강 건조 완화에 도움

○ **항염증 작용**

진저롤이 류머티즘의 염증 매개 물질 생성을 억제해 통증과 부종 완화

○ **항산화 작용, 면역력 회복**

진저롤, 쇼가올이 방사선치료 후 피로 회복과 면역 개선에 효과적

○ **항암 효과**

대장암, 난소암 등의 암세포 성장을 억제하고 세포 자살 유도

○ **발한·해독 작용**

체온 상승과 땀 배출을 촉진해 노폐물 제거, 냉한 체질 개선에 도움

소화 흡수율을 높이는 조리법

유효 성분이 껍질 바로 밑에 많으므로 숟가락 등으로 얇게 긁어 사용하면 좋다. 대추와 계피, 오렌지 껍질과 함께 달이면 항산화·항암 효과를 볼 수 있다. 생강은 혈관 확장 작용이 있어 치질, 궤양 등 출혈성 질환자는 섭취를 제한하고, 임신부는 장기 과다 섭취 시 체열 과잉 우려가 있어 하루 1잔 이하가 좋다.

🍲 **추천 요리** 생강 계피 대추차, 배 도라지 생강차, 생강 꿀차

무

유기황 화합물	설포라판, 글루코브라신, 인돌−3−카비놀, 알리신

건강 효과

○ **소화 촉진**

아밀라아제가 탄수화물 분해를 도와 소화를 돕고 속을 편안하게 함.

○ **항염·항균 작용**

구내염, 잇몸 질환, 충치 통증 완화, 식중독 예방에 도움

○ **호흡기 질환 완화**

가래를 삭이고 기침을 줄이며 감기 증상 완화에 효과적

○ **항암 효과**

유기황 화합물(설포라판 등)이 세포분열을 억제하고 세포 자멸을 유도해 폐암, 유방암, 대장암 예방에 도움

○ **피부 건강 개선, 면역 기능 강화**

비타민 C가 풍부해 피부 회복과 면역력 증진에 유익

소화 흡수율을 높이는 조리법

무를 썬 뒤 10분 정도 공기 중에 두면 효소 반응이 활성화되고 유효 성분 흡수율이 향상된다. 껍질째 섭취하면 비타민 C 손실을 줄이고 영양소 섭취가 극대화된다. 무청은 베타카로틴과 철분, 식이섬유 함량이 높아 항산화, 시력 보호, 변비 개선 효과가 있다. 단 이소티오시아네이트는 휘발성과 수용성이 높아 무즙을 오래 두거나 식초를 넣은 무생채 조리법은 피하는 것이 좋다.

🍲 **추천 요리** 뭇국, 무나물(들기름 사용), 동치미

양배추

<table>
<tr><td colspan="2">주요 파이토케미컬</td></tr>
<tr><td>유기황 화합물</td><td>글루코브라신, 설포라판, 인돌-3-카비놀</td></tr>
<tr><td>테르페노이드</td><td>루테인, 제아잔틴</td></tr>
</table>

건강 효과

○ **위 건강 보호**

비타민 U가 위 점막을 보호하고 회복시켜 위염·위궤양 개선에 탁월

○ **항암 작용**

: 에스트로겐 대사를 조절해 유방암, 전립선암 등 호르몬 관련 암 예방

: 이소티오시아네이트와 인돌-3-카비놀이 암세포 증식 억제, 세포 자살 유도

○ **간 해독 강화**

간의 2단계 해독 효소를 활성화해 발암물질 해독과 배출 촉진

○ **항산화 작용, 면역 기능 강화**

비타민 C가 활성산소를 억제하고 면역력 강화, 감염 예방에 도움

○ **뼈 건강**

비타민 K가 뼈 대사를 촉진해 골다공증 예방, 인지 기능 개선에 기여

○ **피부 미용**

: 콜라겐 생성을 촉진해 피부 탄력 개선, 여드름 완화에 도움

: 보라색 양배추는 안토시아닌과 폴리페놀 함량이 높아 노화 방지, 혈관 건강 강화에 우수

소화 흡수율을 높이는 조리법

썬 양배추를 10~15분 공기 중에 두었다가 조리하면 이소티오시아네이트 생성이 활발해진다. 생으로 먹는 것이 가장 효과적이지만, 위가 약하면 찌거나 데쳐 섭취한다. 비타민 C·U는 수용성이므로 영양 손실 최소화를 위해 씻은 뒤 써는

것이 좋다. 당근과 함께 섭취하면 항암·피부 미용 효과가 상승한다. 단, 갑상선 질환자는 생양배추를 과다 섭취하면 갑상선호르몬 합성 억제 우려가 있어 조리 후 섭취할 것을 권한다.

통째로 보관할 때는 뿌리를 도려내고 물 적신 키친타월을 넣어 냉장 보관한다. 자른 양배추는 수분 유지용 키친타월로 감싸 비닐에 넣어 보관한다.

🍽 **추천 요리** 양배추 렌틸콩 수프, 생양배추 레몬 올리브유 샐러드, 찐 양배추 들기름 무침

양송이버섯

주요 파이토케미컬	
테르페노이드	에르고스테롤(스테롤계 지질 화합물)
유기황 화합물	에르고티오네인
기타	베타글루칸

건강 효과

○ **강력한 항산화 작용**

에르고티오네인이 자외선 등으로 인한 피부 손상을 예방하고 노화 억제에 기여

○ **시력·혈액 건강 유지**

양송이버섯 추출물이 적혈구 건강을 강화하고 백내장 진행을 늦춤

○ **면역력 강화, 항염 효과**

: 면역 세포의 지나친 염증 반응을 억제해 면역 균형을 유지

: 버섯 중에 양송이버섯의 면역력 강화 효과가 가장 높다는 연구 보고가 있음

○ **항암·항혈전 작용**

: 베타글루칸이 암세포 증식을 억제하고 혈전 형성을 막아 심혈관 질환 예방

: 아로마타제 억제 물질이 여성호르몬 과다 생성을 막아 호르몬 의존성 유

방암의 발생과 재발 예방

○ **뼈 건강 개선, 비타민 D 보충**

에르고스테롤이 햇빛을 받으면 비타민 D로 전환돼 칼슘 흡수 촉진

소화 흡수율을 높이는 조리법

신선한 상태에서 빠르게 조리·섭취해야 영양 손실을 최소화한다. 살짝 익혀 먹으면 소화가 잘되고 유효 성분 흡수율이 높아진다. 생으로 과다 섭취 시 소화불량이나 위장 자극 우려가 있다.

🍲 **추천 요리** 양송이 브로콜리 수프, 양송이 마늘 올리브 볶음, 양송이 채소 덮밥

우엉

<table>
<tr><td colspan="2">주요 파이토케미컬</td></tr>
<tr><td>페놀 화합물</td><td>클로로겐산, 카페익산, 탄닌, 리그난</td></tr>
<tr><td>테르페노이드</td><td>사포닌</td></tr>
</table>

건강 효과

○ **피부 건강 개선**

: 탄닌의 소염 작용이 여드름, 땀띠, 피부 가려움 완화에 효과적

: 활성산소 제거로 피부 노화 방지, 미용 효과

○ **장 건강 개선, 면역력 강화**

불용성 식이섬유가 배변을 원활하게 하고, 수용성 식이섬유인 이눌린이 유익균
증식과 장운동 촉진

○ **혈당·지질 조절**

: 이눌린이 콜레스테롤과 중성지방 수치를 낮추고 혈당 수치를 안정화

: 열량이 낮고 포만감이 높아 다이어트 식품으로 효과적

○ **심혈관 건강**

: 칼륨이 혈압 조절과 심장 기능 유지에 도움

: 비타민 B_6가 호모시스테인 수치를 낮춰 동맥경화 예방, 생리 전 증후군 완화
에 도움

○ **뼈 건강 강화**

칼슘이 풍부해 골다공증 예방, 성장기 뼈 발달에 기여

○ **항암 작용**

클로로겐산, 카페익산이 대장암·간암 세포의 성장과 전이 억제

소화 흡수율을 높이는 조리법

우엉은 성질이 차므로 몸이 냉하거나 설사가 잦은 사람은 과다 섭취에 주의한

다. 탄닌의 떫은맛 성분은 항산화 기능이 있으므로 제거하지 않는다. 썬 우엉은 식초나 레몬을 섞은 물에 담가 두면 갈변을 방지할 수 있다. 우엉을 0.1cm 두께로 어슷하게 썰어 햇볕에 1~3일간 잘 말리고 기름 없이 약한 불에 볶는다. 물 2ℓ에 말려서 볶은 우엉 10조각을 넣고 센 불로 끓이다 약한 불에서 40분간 우려 수시로 마시면 좋다.

🍲 **추천 요리** 우엉조림, 우엉 볶음, 우엉차, 우엉 초절임

표고버섯

테르페노이드	베타카로틴, 에르고스테롤(지질 계열)
유기황 화합물	에르타데닌
기타	베타글루칸, 렌티난, 에르고티오네인

건강 효과

○ **항암 효과**

렌티난이 백혈구 활성과 면역 세포 반응을 조절해 항암·항바이러스 효과

○ **심혈관 건강 강화**

알릴 계열 향 성분이 혈소판 응집을 억제해 혈전 형성을 막고 혈액순환 개선

○ **콜레스테롤 조절, 장 건강 개선**

세포벽 성분인 키틴과 식이섬유가 콜레스테롤 수치를 낮추고 장내 환경 개선

○ **항노화 작용, 염증 완화**

셀레늄이 글루타치온 페록시다아제 효소의 활성을 도와 노화 억제, 염증 완화에 기여

○ **뼈 건강 개선, 면역력 강화**

에르고스테롤이 햇빛을 받으면 비타민 D로 전환되어 칼슘 흡수 촉진, 골다공증 예방, 면역력 강화에 도움

소화 흡수율을 높이는 조리법

에르고스테롤이 햇빛을 받으면 비타민 D로 전환되므로 표고버섯을 말리면 영양 가치가 상승한다. 건조 시 먼지나 곰팡이 오염에 주의하고 통풍이 잘되는 곳에 보관한다. 생으로 먹으면 흡수율이 낮고 소화불량, 위장 자극 우려가 있다.

🍲 **추천 요리** 표고버섯 들기름볶음, 표고버섯 무 두붓국, 표고버섯 영양밥, 표고버섯전

검정콩

주요 파이토케미컬	
페놀 화합물	안토시아닌 계열: 델피니딘, 페튜니딘, 말비딘 플라보노이드 계열: 캠페롤, 케르세틴, 제니스테인, 다이드제인 하이드록시 시나믹산 계열: 페룰릭산, 시나픽산
테르페노이드	사포닌

건강 효과

○ **항산화·항암 작용**

: 안토시아닌과 플라보노이드 성분이 활성산소를 제거하고 염증을 완화하며, 대장암과 유방암 등 암 발생 위험을 낮춤. 특히 안토시아닌이 백혈병 세포와 유방암 세포에 독성을 나타내 강력한 항암 기능을 발휘함.

○ **심혈관 질환 예방**

단백질과 식이섬유가 혈당 조절, LDL 콜레스테롤 저하에 도움

○ **비만 예방**

콩 특유의 떫은맛인 사포닌이 지방 축적을 억제하고 콜레스테롤 수치를 낮춤

○ **호르몬 균형 유지**

이소플라본이 여성호르몬과 유사한 작용을 하여 갱년기 증상 완화, 유방암과 전립선암 등 호르몬 관련 암 예방, 골다공증과 심장병 예방에 도움

소화 흡수율을 높이는 조리법

찌는 조리법이 삶는 것보다 이소플라본 보존율이 높다. 다시마와 함께 조리하면 사포닌이 배출하는 요오드를 보충하여 상호 보완 효과가 있다. 검정콩 소화가 어렵다면 갈아서 먹거나 두부·콩비지 형태로 섭취한다.

⌂ **추천 요리** 콩자반, 두유, 콩국수, 콩가루, 콩비지찌개

PHYTOCHEMICAL

Chapter 05

내 몸에 맞는 건강한 식생활

암과 파이토케미컬

암은 왜 생길까?

현대인을 두렵게 하는 암! 위암, 폐암, 간암, 유방암, 췌장암, 전립선암, 피부암 등 종류도 무려 250여 가지에 달한다. 암은 인체 어느 부위에나 발생할 수 있으며, 그로 인한 사망률도 매년 증가하고 있다.

그렇다면 암은 왜 생길까? 암은 외부에서 병균이 침입해 생기는 병이 아니라, 내 몸의 세포가 암세포로 변하면서 생기는 병이다. 정상 세포가 암세포로 변하는 과정은 정상적인 사람이 나쁜 환경 때문에 성격이 비뚤어지는 것과 비슷하다. 사람이 살아가는 데 환경이 중요한 것처럼, 세포도 건강한 환경이 있어야 제대로 기능할 수 있다.

세포는 알맞은 영양소가 공급되고, 깨끗한 공기와 맑은 물, 적절한 온도가 갖춰진 환경을 좋아한다. 그러나 세포가 선호하는 싱거운 음식이나 깨끗한 공기 대신, 맵고 짠 음식과 오염된 공기에 지속적으로 노출되면 세포는 심한 스트레스를 받는다. 이런 상태가 오래 계속되면 세포는 정상적인 방법으로 더 이상 살아갈 수 없다고 판단하고, 비정상적인 환경에서도 생존할 수 있는 비정상적인 세포로 변한다. 이것이 바로 암세포다.

암은 양성종양의 초기, 중기, 말기를 거쳐 악성종양 초기, 중기, 말기로 진행되고, 이후 전이성 종양 단계로 넘어가며 몸 전체에 퍼진다. 이 과정은 간암, 폐암, 위암, 췌장암 같은 고형암의 경우 대개 15~20년, 유방암은 8~10년, 대장암은 5~10년 걸린다. 그리고 이 정도 시간이 지나야 병원 검진에서 암세포가 발견된다. 암 진단을 받았다면 암세포가 몸속에서 적어도 10년 이상 자라고 있었던 것이다. 3~4년 자란 암세포는 병원 검진으로도 발견하기 어렵다.

암세포는 정상 세포와 달리 매우 이기적이다. 예를 들어 건강한 갑상선 세포는 자신의 역할을 다하며, 간과 신장을 활성화하기 위해 갑상선호르몬을 만들어 낸다. 하지만 암세포는 내장기관의 기능에는 관심이 없고, 들어온 영양소를 자기만 먹고 살아간다. 정상 세포처럼 정해진 질서에 따라 움직이지 않고, 질서를 무시한 채 막무가내로 활동하다가 결국 엉켜 덩어리를 형성한다.

암세포는 자신에게 유리한 환경에서는 죽지 않는다. 정상 세포는 일정 기간이 지나면 노화되어 죽지만, 암세포는 생명을 스스로 연장한다. 결국 암세포가 싫어하는 환경으로 바꾸지 않는 한, 암세포는 끊임없이 번식하며 몸 구석구석으로 퍼지게 된다.

암세포가 생기면 우리 몸은 어떻게 반응할까?

몸속에 암세포가 생기면, 백혈구 중 하나인 T-림프구가 암세포를 죽이기 위해 '독소 물질'을 만든다. T-림프구는 암세포 속으로 파고든 뒤, 독소 물질을 생성해 암세포를 공격한다. 이렇게 건강한 T-림프구는 암세포를 제압할 능력이 있다. T-림프구는 인체에서 군대와 같은 역할을 한다. 적이 침입하면 위치를 파악하고, 독소 물질이라는 무기를 가진 특공대를 보내 제거한다. 하지만 T-림프구가 존재하더라도 힘이 약하면 독소 물질을 만들어 내지 못한다. 암세포를 발견한 T-림프구가 암세포에 접근하더라도 그 자체로 에너지를 소모해 더 이상 활동하지 못하게 된다. T-림프구가 더 약해지면 암세포를 아예 인식하지 못한다. 암세포는 T-림프구가 약하다는 것을 알게 되면 다시 활동을 시작하고, 본격적으로 성장한다. 암세포는 성장하기 위해 혈관에서 영양소를 공급받아야 하므로, '혈관 생성물질'을 분비해 가까운 혈관을 끌어들인다. 그 결과 암세포와 혈관이 연결되고, 암세포는 영양을 공급받아 점점 커진다.

반면 T-림프구의 감시 활동이 활발하면 암세포는 동면 상태에 들어가고, 전이되던 암세포도 성장을 멈춘다. 이때 T-림프구의 힘이 더 강해지면 숨어 있는 암세포를 찾아내 제거하기 시작한다. 따라서 암을 극복하려면 T-림프구가 암세포를 정확히 인식하고 공격할 수 있도록 강하게 만들어야 한다. 또 다른 방법은 몸속 환경을 정상 세포가 살기 좋은 상태로 바꾸는 것이다.

T-림프구를 강하게 만드는 방법은 복잡하지 않다. 비정상적인 생활 습관을 정상적인 습관으로 바꾸면 T-림프구가 강해질 뿐 아니라, 일부 암세포도 정상 세포로 되돌아갈 수 있다. 정상 세포의 기능이 회복되고, 몸에 원래 있는 셀프힐링 파워가 되살아나면 부작용 없이 암을 극복할 수 있다.

암은 예방이 중요하다

암이 발생하는 원인은 감염, 흡연, 방사선 노출, 화학물질, 식생활 등 여러 가지가 알려져 있으며, 식생활과 암 발생의 관련성이 가장 크다. 세계암연구기금wCRF과 미국암연구소AICR는 암 예방을 위해 다음과 같은 지침을 제시한다.

- 일생 정상 체중을 유지한다.
- 평소 생활에서 충분한 활동량을 유지한다.
- 고칼로리 식품 섭취를 줄이고, 특히 단 음료는 마시지 않는다.
- 붉은색 육류 섭취를 줄이고, 식단을 대부분 식물성 식품으로 구성한다.
- 알코올 섭취를 줄인다.
- 염분 섭취를 제한하고, 곰팡이가 핀 곡류나 콩류는 먹지 않는다.
- 필요한 영양소는 가급적 영양 보충제보다 식품으로 섭취한다.

이 지침을 구체적으로 설명하면, 암을 예방하려면 육류 중심의 고 칼로리 식사 대신 식물성 식품 중심의 저칼로리 식사가 중요하다. 또 저지방 식사와 더불어 필수지방산인 오메가-3 지방산을 충분히 섭취해야 한다. 무지개 색 채소는 하루에 열 접시 이상 먹을 것을 권장한다. 이외에도 장내 유산균 활동을 돕기 위해 청국장, 된장, 천연 발효 요거트 같은 발효 식품과 식이섬유를 충분히 섭취하는 것이 좋다.

암에 걸리지 않는 것이 가장 좋겠지만, 뜻하지 않게 암에 걸렸을 경우 대부분 수술과 항암 치료, 방사선치료 같은 병원의 표준 치료를 받는다. 그러나 이 치료만으로 완치되지 않아 재발하는 경우가 많다. 암 환자에게 사용하는 대다수 항암 약물은 골수 조직을 치명적으로 손상하고, 적혈구와 백혈구, 혈소판, 모낭, 위장관 내벽에 영향을 준다. 이는 항암 약물이 암세포뿐 아니라 세포분열이 활발한 조직에도 영향을 미치기 때문이다. 항암 약물은 암의 진행 속도를 늦추고 종양의 크기를 줄이는 데 도움이 되지만, 모든 암세포를 제거하지는 못한다. 오히려 항암 치료를 견뎌 낸 암세포 중 일부는 돌연변이를 일으켜 더 공격적인 성질로 변할 수 있다. 그 결과 항암 치료 후 오히려 암의 진행이 빨라지기도 한다.

대다수 암 환자는 표준 치료 후 3~6개월 간격으로 병원을 방문해 영상 검사나 혈액검사를 받으며 경과를 지켜본다. 하지만 진정한 치료는 병원 치료가 끝나고 집으로 돌아온 순간부터 시작된다고 할 수 있다. 문제는 많은 환자가 표준 치료를 마치면 완치된 줄로 착각해,

과거의 무절제한 생활 습관으로 돌아간다는 점이다. 잔류 암세포를 제거할 수 있는 시기는 마지막 항암 약이 몸에서 완전히 빠져나간 이후, 몸속에 건강한 백혈구가 얼마나 존재하느냐에 달려 있다. 따라서 치료가 끝나면 손상된 면역 체계가 회복될 때까지 충분한 시간을 갖고 회복하는 것이 가장 중요하다.

병원 치료 기간의 1~2배 이상 시간을 들여 면역력을 회복하지 않으면 암이 재발할 수 있다. 이때는 이전과 완전히 다른 삶의 방식을 선택해야 한다. 스트레스를 줄이고, 건강한 음식을 섭취함으로써 몸의 항암 능력을 복구해야 한다. 우리가 일상적으로 먹는 다양한 색 채소와 과일에는 백혈구의 건강을 회복하고, 암세포를 여러 방식으로 공격하여 제거할 수 있는 파이토케미컬이 풍부하다. 이들은 독성이나 부작용이 없어 장기간 섭취할 수 있다. 따라서 파이토케미컬을 적절히 활용한 파이토 식이요법을 병행하면 암의 완치율을 높이는 데 큰 도움이 된다.

천연 항암제, 파이토케미컬

채소와 과일에 들어 있는 다양한 파이토케미컬은 항산화·항염·항암 작용 등을 통해 암의 발생을 억제하고, 때로는 암세포를 죽이기도 한다. 파이토케미컬은 다음과 같은 작용으로 암을 예방하고 치유한다.

비정상적인 세포분열을 억제하고 DNA 손상을 줄이며, 손상된 DNA의 복구를 돕고 손상된 세포의 자살을 유도한다. 또 암세포의 증식을 억제하고 암세포 자체를 제거하며, 혈관 신생과 전이를 억제하는 등 복합적인 경로를 통해 항암 효과를 발휘하는 것으로 알려져 있다.

필자는 대학원에서 식물 추출물이 대장암 세포의 증식을 얼마나 억제하는지 확인하는 실험을 진행했다. 우리가 자주 먹는 채소와 과일이 실제로 암세포에 어떤 영향을 미치는지 궁금했기 때문이다. 실험에는 우리나라에서 사계절 볼 수 있는 채소와 산야초 등 40여 종의 식물 추출물을 사용했다. 이런 추출물을 대장암 세포(HCT-116)에 투여하고, 그 결과를 관찰했다. 두릅 순, 생강, 산딸기, 참취 잎 순으로 대장암 세포의 증식 억제 효과가 우수하게 나타났다. 이 결과는 우리가 일상적으로 먹는 제철 채소와 과일이 암 예방에 도움을 줄 가능성이라 할 수 있다.

결국 항암 식사란 특별한 음식이 아니라, 신선한 제철 채소와 과일을 제대로 조리해 충분히 섭취하는 것임을 확인한 실험이다.

식품에 함유된 파이토케미컬은 암 발생을 억제하거나, 암세포가 자라는 과정을 단계별로 차단하여 항암 효과를 나타낸다. 발암 전구물질이 몸속에 들어왔을 때 이를 해독해서 배출하는 데 도움을 주는 대표적인 파이토케미컬은 엘라그산, 인돌-3-카비놀, 설포라판, 플라보노이드 등이다. 암 발생 초기에 암세포의 성장과 진행을 억제하는 물질은 베타카로틴, 커큐민, 카테킨류(EGCG), 이소티오시아네이트, 인돌-3-카비놀, 제니스테인, 레스베라트롤, [6]-진저롤, 헤스페리딘, 렌티난 등이다. 이런 파이토케미컬을 함유한 항암 식품은 서로 다른 작용 기전으로 암세포에 영향을 주기 때문에, 특정 식품 하나만 섭취하는 것보다 3~4가지 식품을 함께 섭취했을 때 상승효과를 기대할 수 있다.

암과 파이토케미컬

질병	파이토케미컬	함유 식품	효과
위암	설포라판, 인돌-3-카비놀, 베타카로틴, 알리신, 케르세틴, 카테킨	양배추, 브로콜리, 시금치, 케일, 당근, 양파, 마늘, 사과, 베리류, 녹차	위 점막 보호, 헬리코박터 파일로리균·염증 억제, 항암 효과
간암	설포라판, 커큐민, 실리마린, 레스베라트롤, 카테킨, 안토시아닌, 알리신	브로콜리, 케일, 강황, 마늘, 포도, 베리류, 녹차	간 해독 효소 활성화, 항산화·항염증 작용, 간세포 보호
유방암	리그난, 이소플라본, 설포라판, 인돌-3-카비놀, 케르세틴, 캠페롤, 레스베라트롤, 라이코펜	아마 씨, 참깨, 콩, 브로콜리, 케일, 양배추, 양파, 사과, 당근, 시금치, 포도, 딸기, 블루베리, 토마토, 체리	에스트로겐 조절, 아로마타제 억제, 항산화·해독 작용, 염증·산화 스트레스 감소
대장암	진저롤, 커큐민, 갈릭산, 카페익산, 라이코펜, 엘라그산, 제니스테인, 베타인, 클로로필	생강, 강황, 우엉, 배, 토마토, 콩류, 비트, 시금치, 케일, 브로콜리, 딸기, 사과, 석류, 크랜베리	장 점막 보호, 항염·항산화·해독 작용, 세포 주기 조절
피부암	설포라판, 카테킨, 레스베라트롤, 커큐민, 카로테노이드, 안토시아닌	브로콜리 새싹, 녹차, 강황, 시금치, 케일, 검정콩, 당근, 포도, 블루베리, 블랙베리	UV 손상·염증·산화 스트레스 완화, 항산화 방어 경로· 해독 경로 활성화, 암세포 자멸 유도

질병	파이토케미컬	함유 식품	효과
전립선암	라이코펜, 이소플라본, 카테킨, 케르세틴, 커큐민, 설포라판, 인돌-3-카비놀, 레스베라트롤, 갈릭산, 루테올린, 카로테노이드	토마토, 녹차, 마늘, 브로콜리, 양배추, 콩류, 사과, 양파, 케일, 당근, 단호박, 시금치, 강황, 콩류, 호두, 수박, 자몽, 석류, 딸기, 포도, 블루베리	항산화·해독 작용, IGF-1·암세포 성장 신호 억제, 호르몬 신호·유전자 발현 조절
폐암	베타카로틴, 라이코펜, 설포라판, 케르세틴, 레스베라트롤, 루테올린, 진저롤, 알리신, 안토시아닌, 커큐민, 카테킨, 제니스테인, 아피게닌	당근, 시금치, 고구마, 호박, 케일, 브로콜리, 양배추, 방울양배추, 양파, 녹차, 무, 배추, 셀러리, 파슬리, 피망, 파프리카, 가지, 강황, 마늘, 생강, 콩류, 사과, 포도, 블루베리, 수박, 자몽, 체리, 자두, 망고	암세포 자멸 유도, 항산화·항염증·해독 작용, 세포 주기 조절, 혈관 신생·침윤·전이 억제
혈액암 (림프종)	커큐민, 시아니딘-3-루티노사이드, 알리신, 카로테노이드, 진저롤, 베타시토스테롤	강황, 마늘, 양파, 당근, 파프리카, 토마토, 생강, 콩류, 아스파라거스, 오디, 체리, 자두, 흑미, 무화과, 포도, 오렌지	염증·림프구 증식 억제, 세포 자멸 유도, 강력한 항산화 작용
식도암	설포라판, 케르세틴, 카테킨, 커큐민, 카로테노이드, 안토시아닌, 알리신	양배추, 브로콜리, 케일, 강황, 당근, 시금치, 양파, 마늘, 블루베리, 포도, 녹차	산화 스트레스·염증 억제, 해독 경로 활성화, 암세포 증식 신호 약화
방광암	설포라판, 카테킨, 이소플라본, 폴리페놀, 카로테노이드, 알리신, 레스베라트롤	브로콜리, 케일, 콩, 녹차, 해조류, 마늘, 당근, 토마토, 사과, 베리류	해독 작용, 염증 완화, 세포 주기 정지, 암세포 자멸 유도, 발암물질 활성·산화 스트레스 억제

질병	파이토케미컬	함유 식품	효과
난소암	설포라판, 인돌-3-카비놀, 케르세틴, 캠페롤, 아피게닌, 루테올린, 라이코펜, 베타카로틴, 루테인, 레스베라트롤, 리그난, 제니스테인, 세스퀴테르펜, S-알릴시스테인	브로콜리, 양배추, 케일, 양파, 마늘, 파슬리, 바질, 셀러리, 토마토, 당근, 시금치, 단호박, 콩류, 녹차, 블루베리, 딸기, 크랜베리, 포도류, 복분자	항산화·해독·항염증 작용, 암세포 증식·호르몬 조절
췌장암	커큐민, 설포라판, 카테킨, 레스베라트롤, 케르세틴, 루테올린, 아피게닌, 제니스테인, 베타카로틴, 라이코펜, 진저롤	강황, 브로콜리, 케일, 양배추, 녹차, 포도, 블루베리, 양파, 콩, 당근, 토마토, 생강, 사과, 셀러리, 파슬리	항산화·항염증 작용, 혈관 생성 억제, 세포 주기 정지, 세포 자멸 유도

대표적인 항암 식품의 작용과 효과

식품	주요 파이토케미컬	암 종류와 효과
강황	커큐민	대장암, 유방암, 피부암, 췌장암: 세포 증식·혈관 생성 억제, 세포 자멸 유도, 항염·항산화 작용
생강	[6]-진저롤	대장암, 난소암, 폐암, 혈액암: 항산화·항염 작용, 세포 자멸 유도, 혈관 생성 억제
녹차	카테킨(EGCG)	위암, 식도암, 간암, 대장암, 폐암, 전립선암: 항산화·해독 작용, 암세포 증식·혈관 생성 억제, 세포 자멸 유도
두부, 콩	이소플라본(제니스테인, 다이드제인, 글리시테인)	유방암, 전립선암: 에스트로겐 조절, 세포 증식·암세포 혈관 생성 억제

식품	주요 파이토케미컬	암 종류와 효과
당근	베타카로틴, 알파카로틴, 터피네올, 아피게닌	폐암, 전립선암, 위암: 항산화 작용, 면역력·NK세포의 공격력·세포 간 통신 능력 증진, DNA 보호, 암세포 분열 억제
오렌지, 레몬	D-리모넨, 헤스페리딘, 베타-크립토크산틴	피부암, 유방암, 자궁암, 위암, 구강암, 식도암: 항염 작용, 해독 효소 활성화, 세포 증식 억제, 발암물질 중화
마늘	알리신, S-알릴시스테인	위암, 대장암, 피부암, 유방암: 항균·항암 작용, 해독 효소 활성화, 암세포 분열·DNA 손상 억제
브로콜리	설포라판, 인돌-3-카비놀	유방암, 간암, 폐암, 전립선암, 피부암, 식도암, 방광암, 췌장암, 난소암: 발암물질 해독·항산화·항염 작용, 암세포 성장 억제와 자멸 유도
블루베리, 딸기	안토시아닌, 엘라그산	위암, 식도암, 대장암, 간암, 전립선암, 폐암, 방광암, 난소암, 췌장암: 암세포 증식과 혈관 성장·발암물질 생성 억제, 해독 작용, 암세포 자멸 유도
토마토	라이코펜	전립선암, 폐암, 위암, 유방암: 항산화·항염 작용, 세포 증식 신호·혈관 생성과 전이 억제, 세포 주기 조절, 세포 자멸 유도
포도	레스베라트롤	대장암, 유방암, 전립선암, 폐암: 암세포 성장·세포 증식 신호·혈관 생성과 전이 억제, 항산화·항염증 작용
양배추	설포라판, 인돌-3-카비놀	위암, 유방암, 자궁경부암, 대장암: 해독·항산화·항염 작용, 암세포 증식 신호 억제, 에스트로겐 대사 경로 개선, 암세포 자멸 유도
표고버섯	렌티난, 베타글루칸	위암, 대장암, 폐암, 유방암, 췌장암: NK세포 활성 증가, 면역 기능 강화, 암세포 혈관 생성 억제

암 이외 질병과 파이토케미컬

질병	파이토케미컬	함유 식품	효과
심혈관 질환	라이코펜	토마토, 수박	LDL 콜레스테롤 산화 억제, 심혈관 보호
	베타카로틴	녹황색 채소	항산화 작용, 심혈관계 질환 위험 감소
	플라보노이드	양파, 감귤류	혈관 건강 유지, 혈압 조절
당뇨	케르세틴	양파, 사과	혈당 조절, 인슐린 민감도 향상
	클로로겐산	커피, 가지	혈당 흡수 억제
비만	사포닌	콩, 인삼	지방 흡수 억제
	카테킨	녹차	지방 산화 촉진
골다공증	이소플라본	콩	에스트로겐 유사 작용으로 골밀도 증가
노화	레스베라트롤	포도 껍질	세포 노화 억제, 항산화 작용
치매	안토시아닌	블루베리	신경 보호, 인지 기능 향상
감염	알리신	마늘	항균·항바이러스 작용
간 보호	실리마린	밀크시슬	간세포 보호와 재생 촉진

질병	주요 파이토케미컬	함유 식품	효과
자가면역질환 (아토피, 궤양성대장염, 크론병 등)	아코니틴, 아데노신, 아티게닌, 아테미시닌, 볼딘, 유코민−A, 갈릭산, 감마 리놀렌산, 진세노사이드, 이노신, 리모넨, 리놀레산, 올레아놀산, 페놀, 케르세틴, 로즈마린산, 루틴, 사포닌, 시린진, 우르솔산	당근, 셀러리, 양배추, 비트, 우엉, 레몬, 아몬드, 버섯, 생강, 해바라기 씨	면역력 조절, 염증 완화, 피부 개선, 장 점막 보호

질병	주요 파이토케미컬	함유 식품	효과
제2형 당뇨병과 합병증	알릴프로필계 설파이드, 카로테노이드, 이노시톨, 쇼가올, 헤스페리딘, 나린진, 알파-리포산, 진세노사이드, 안토시아닌	양파, 당근, 감귤류, 메밀, 생강, 녹차, 시금치, 브로콜리, 토마토, 계피, 오레가노, 타임, 인삼, 오디, 강황, 빌베리	혈당 조절, 염증 억제, 합병증 예방
고콜레스테롤혈증	레스베라트롤, 헤스페리딘, 나린진, 베타시토스테롤, 인돌-3-카비놀, 에리타데닌, 프로토디오신, 커큐민, 베타인	땅콩, 호박씨, 쌀겨, 대두, 브로콜리, 양배추, 표고버섯, 아스파라거스, 메밀, 강황, 시금치, 호박, 파프리카, 비트, 토마토, 석류, 마늘, 양파, 귀리, 포도, 블루베리, 크랜베리, 감귤류, 아보카도	콜레스테롤 수치 낮춤, 항산화 작용, 혈관 건강 유지
고혈압	카테킨, 프로안토시아니딘, 진저롤, 쇼가올, 케르세틴, 알리신, 헤스페리딘, 카로테노이드, 프탈라이드, 알파 리놀렌산	녹차, 코코아, 렌틸콩, 완두콩, 계피, 시금치, 생강, 메밀, 토마토, 브로콜리, 마늘, 양파, 셀러리, 깻잎, 아마씨유, 가지, 부추, 비트, 양배추, 로즈마리, 바질, 포도, 크랜베리, 블루베리, 아로니아, 사과, 감귤류, 체리, 키위	혈압 조절, 혈관 확장, 항산화 작용
통풍	알로인, 아우쿠빈, 벤조익산, 볼딘, 콜키신, 폴산, 글리신, 살리실산, 타이모퀴논, 포풀린, 살리신, 살리실산	인삼, 아스파라거스, 비트, 양배추, 케일, 콜라드, 파프리카, 칠리, 병아리콩, 녹차, 테라곤, 셀러리, 포도, 체리, 딸기, 블루베리	요산 억제, 염증 완화, 관절 통증 감소

02

스트레스와 파이토케미컬

만병의 근원, 스트레스

우리가 스트레스 없는 세상에서 살 수 있을까? 아마도 현대사회에서는 거의 불가능할 것이다. 어린 시절부터 무한 경쟁과 비교 속에 살아가는 현대인에게 스트레스는 떼려야 뗄 수 없는 요소가 되었다. 최근에는 초등학생조차 스트레스 받는다고 하소연하는 것을 보면 대다수 사람이 일상적으로 스트레스를 경험하고 있음을 알 수 있다.

'스트레스는 만병의 근원'이라는 말이 있다. 실제로 병원을 찾는 환자 가운데 원인을 정확히 알 수 없는 상당수 질환이 스트레스성 질환으로 분류된다. 그만큼 스트레스는 신체적·정신적 건강 문제와 밀접하게 연관되어 있다. 스트레스는 외부 자극이나 압력에 따라 개인이 느끼는 신체적·심리적 긴장 상태를 의미하며, 불안이나 근심, 걱정, 부정적인 생각도 이에 포함된다. 스트레스에는 개인의 성장을 촉진하고 동기를 부여하는 긍정적인 스트레스eustress, 지나친 업무나 갈등처럼 부정적인 영향을 미치는 스트레스distress가 있다.

스트레스 반응은 우리가 세상에 적응하며 사는 데 필요한 생리적 시스템이다. 그러나 스트레스가 장기간 지속되거나 적절히 관리되지 않으면 건강에 해를 끼칠 수 있다. 심리적 스트레스는 마음을 짓누르고 신체 건강에도 악영향을 미친다. 반대로 잘 관리하면 미래의 어려움에 잘 대처하고 건강하게 살아갈 수 있다. 심리학자 리처드 라자루스Richard S. Lazarus는 같은 스트레스 요인이라도 어떻게 받아들이느냐에 따라 긍정적인 자극이 될 수도, 부정적인 부담이 될 수도 있다고 설명한다. 즉 스트레스의 영향은 받아들이는 자세에 달려 있다. 우리가 처한 상황을 긍정적으로 받아들이고 해석하면 스트레스 역시 건강한 삶의 자원이 될 수 있다.

스트레스로 소모되는 영양소

만성적인 스트레스는 우리 몸의 대사와 호르몬 균형에 영향을 미치고, 많은 에너지를 소모하게 만든다. 이 과정에서 여러 영양소의 소모가 증가하고, 결핍 상태로 이어질 수 있다.

스트레스로 인해 가장 먼저 소모되는 영양소는 비타민 B·C다. 비타민 B(B_1, B_5, B_6, B_{12})는 신경계를 안정시키고 에너지대사를 돕는다. 스트레스 상황에서는 신경계가 지나치게 활성화되고 에너지 소비가 증가하기 때문에 비타민 B·C가 빠르게 소모된다. 비타민 B는 통곡물, 귀리, 달걀, 생선, 닭 가슴살, 시금치, 브로콜리 등에서 얻을 수 있다.

비타민 C는 '스트레스 호르몬 조절 비타민'이라는 별명이 있을 정도로 스트레스와 밀접한 관련이 있다. 스트레스가 지속되면 부신에서 분비되는 호르몬을 조절하고 면역력을 유지하는 데 필요한 비타민 C가 빠르게 줄어든다. 딸기, 감귤류, 브로콜리, 파프리카 등에 풍부하므로, 평소 충분히 섭취하는 것이 좋다.

스트레스는 비타민 D·E의 필요량도 늘린다. 비타민 D·E는 면역력 조절과 항산화 작용으로 몸을 보호하는 데 중요한 역할을 한다.

미네랄 중에서는 마그네슘과 아연의 소모가 특히 많다. 마그네슘은 신경 안정과 근육 이완에 필요하며, 에너지 생성에도 관여한다. 스트레스 상황에서는 마그네슘이 빠르게 소모되고, 이로 인해 피로감, 뒷목과 어깨의 긴장, 수면 장애 등이 나타날 수 있다. 마그네슘은 녹색 채소, 견과류, 씨앗류, 다크 초콜릿, 통곡물 등으로 섭취할 수 있다.

아연은 염증을 조절하고 면역력을 높이며 신경 안정에도 중요한 역할을 한다. 스트레스로 아연이 부족해지면 상처 치유가 지연되거나 감염에 취약해지고, 피로감이 더할 수 있다. 굴, 병아리콩, 견과류, 살코기 등에 아연이 풍부하다. 이외에 철분과 셀레늄, 칼슘 등 다양한 미네랄이 스트레스 상황에서 소모되기 쉬우므로 이런 영양소가 풍부한 식품 섭취도 고려해야 한다.

스트레스 관리에 필요한 영양소 중 오메가-3 지방산이 있다. 불포화지방산의 일종인 오메가-3는 염증 반응을 조절하고 뇌 기능을 보호하며, 세로토닌 분비를 촉진해 스트레스 해소에 도움을 준다. 특히 EPA와 DHA는 스트레스 호르몬 분비를 억제하고, 우울과 불안을 완화하는 데 효과적이다. 등 푸른 생선, 들깨, 호두, 아마 씨, 치아 씨 등에 오메가-3가 풍부하다. 영국 옥스퍼드대학교에서 실시한 동물실험에서도 오메가-3 지방산이 스트레스로 인한 불안과 우울 증상을 완화하는 데 효과가 있다는 연구 결과가 있다.

스트레스 완화를 위한 건강한 식생활

스트레스는 단순히 마음의 문제가 아니다. 신체 건강과 밀접하게 연결되어 있으며, 식사 습관에도 큰 영향을 미친다. 스트레스가 심할수록 식사 패턴이 달라지고, 특정 음식을 더 찾게 되며, 소화나 대사 과정에도 변화가 생긴다.

보통 스트레스 상황에서는 고지방·고당분 음식이나 자극적인 음식에 손이 간다. 이는 일시적으로 위로를 주지만, 장기적으로는 건강에 좋지 않다. 과식이나 폭식으로 이어지기도 하며, 반대로 식욕이 떨어져 영양 결핍을 유발하기도 한다. 이처럼 스트레스는 몸과 마음의 피로를 가중하고, 잘못된 식습관은 스트레스를 악화시키는 악순환을 만든다.

따라서 스트레스를 잘 관리하기 위해서는 영양 균형을 갖춘 건강한 식습관을 실천해야 한다. 대표적인 식단으로 지중해식 식사가 있다. 지중해식 식사는 현지에서 나는 채소와 과일, 생선, 통곡물, 콩류, 올리브유, 견과류를 기본으로 하고, 허브와 향신료를 넉넉히 사용하는 것이 특징이다. 붉은 고기나 정제된 밀가루, 설탕은 최소화하며, 가공하지 않은 자연식품을 중심으로 먹는다.

전문가들은 지중해식 식사가 단순한 다이어트 방법이 아니라, 심혈관 건강과 장수에 기여하는 식생활 패턴이라고 말한다. 무엇보다 뇌 건강과 연결되어 스트레스 해소는 물론, 우울과 불안 예방에 도움이 된다. 실제로 여러 연구에서 지중해식 식사가 염증을 줄이고, 세로토닌 같은 기분 조절 호르몬의 분비를 촉진하는 데 긍정적인 영향을 미치는 것으로 나타났다.

건강한 식사는 단순히 '무엇을 먹느냐'가 아니라 '어떻게 먹느냐'의 문제이기도 하다. 하루 세끼를 규칙적으로, 천천히, 감사하며 먹는 태도 자체가 스트레스 조절의 첫걸음이 될 수 있다. 바쁜 일상에서 식사의 의미를 회복하는 것이야말로 몸과 마음을 위한 가장 기본적인 치유다.

스트레스 완화를 위한 식생활 규칙

균형 잡힌 식사를 한다.

- 탄수화물과 단백질, 지방의 균형을 맞춰 다양하게 먹고, 혈당 수치 변화를 최소화한다.
- 하루 세끼를 규칙적으로 먹고, 필요하면 건강한 간식을 추가한다.
- 정제된 탄수화물(흰쌀, 흰 밀가루, 설탕 등) 섭취를 줄인다.

복합 탄수화물을 섭취한다.

- 복합 탄수화물은 혈당 수치를 안정화하고 행복 호르몬인 세로토닌 분비를 촉진한다.
- 추천 식품: 현미, 귀리, 통밀빵, 고구마, 퀴노아 등

양질의 단백질을 충분히 섭취한다.

스트레스 해소에 좋은 파이토케미컬

스트레스를 많이 받을수록 파이토케미컬이 풍부한 채소와 과일, 견과류, 씨앗류, 콩, 허브, 차 등을 자주 섭취하는 것이 중요하다. 파이토케미컬은 식물성 식품에 존재하는 생리 활성 물질로, 항산화·항염증·면역력 조절 작용으로 스트레스에 따른 신체 손상을 예방하고 회복을 돕는다. 스트레스는 활성산소 생성을 늘려 세포를 손상하고 염

증 반응과 신경계의 지나친 자극을 유발하는 등 전신 건강에 부정적인 영향을 미친다. 파이토케미컬은 이런 손상을 완화하는 데 중요한 역할을 한다.

- **항산화 작용**

  스트레스로 체내에 지나치게 생성된 활성산소는 세포를 산화시키고 손상한다. 파이토케미컬은 강력한 항산화 작용으로 활성산소를 제거하고 세포 노화를 억제한다.

- **항염증 효과**

  만성 스트레스는 염증성 사이토카인 생성을 늘려 염증 반응을 유발한다. 파이토케미컬은 이런 염증 매개 물질의 생성을 억제하여, 심혈관 질환이나 우울, 불안 등 스트레스 관련 질환 발병 위험을 줄여 준다.

- **신경 보호 작용**

  지속적인 스트레스는 뇌의 해마 신경세포에 손상을 준다. 파이토케미컬은 신경세포를 보호하고, 조직 손상을 줄이며, 뇌유래신경영양인자 BDNF, brain derived neurotrophic factor 생성을 촉진해 스트레스에 따른 뇌 기능 저하를 완화한다.

- **호르몬 균형 유지**

  스트레스 상황에서는 코르티솔이 지나치게 분비된다. 일부 파이토케미컬은 코르티솔 수치를 조절하고, 세로토닌과 엔도르핀 등 기분을 조절하는 호르몬의 균형을 도와 심리적 안정감을 높인다.

- **자율신경계 안정화**

  스트레스는 교감신경계를 활성화해 심장박동 수를 늘리고 혈압을 높인다. 특정 파이토케미컬은 부교감신경계를 자극하여 심신의 이완을 유도하고 스트레스 반응을 줄여 준다.

- **장 - 뇌 축 조절**

  장 건강은 정서 안정과 밀접한 관련이 있다. 스트레스는 장내 미생물 균형을 무너뜨릴 수 있는데, 파이토케미컬은 유익균의 성장을 돕고 장-뇌 축 기능을 개선하여 정신 건강에 긍정적인 영향을 미친다.

- **면역 기능 강화**

  스트레스로 면역력이 떨어지면 감염에 취약한 상태가 된다. 파이토케미컬은 면역 세포 활성화를 돕고 면역 체계를 안정적으로 유지시켜, 감염 저항력을 높인다.

- **세포 신호 경로 조절**

  파이토케미컬은 산화 스트레스와 염증 반응에 관여하는 세포 신호 전달 경로를 조절해, 세포 생존과 스트레스 저항력을 높이는 데 기여한다.

- **미토콘드리아 기능 개선**

  파이토케미컬은 미토콘드리아의 에너지대사를 활성화해, 스트레스로 저하된 세포 에너지 생산을 회복시켜 피로 개선과 회복에 도움을 준다.

- **유전자 발현 조절**

    일부 파이토케미컬은 항산화와 항염증에 관련된 유전자의 발현을 조절해, 스트레스 반응을 효과적으로 조절할 수 있도록 돕는다.

파이토케미컬과 스트레스 해소 효과

파이토케미컬	주요 효과	급원 식품
플라보노이드	강력한 항산화·항염증 작용, 신경 보호	베리류, 감귤류, 녹차, 다크 초콜릿(70% 이상)
폴리페놀	항산화·항염증 작용, 심혈관 건강 개선, 뇌 건강 증진	포도, 레드 와인, 올리브유, 견과류, 커피, 석류
카로테노이드	세포 손상 방지, 면역력 강화	당근, 토마토, 고구마, 호박, 망고, 시금치, 케일
안토시아닌	항산화·항염증 작용, 뇌 기능 강화	블루베리, 블랙베리, 자색 고구마, 가지, 체리, 아사이베리, 자두, 검정콩 등
이소플라본	호르몬 균형 유지, 스트레스 완화	대두, 두유, 콩
커큐민	항산화·항염증 작용	강황, 울금
레스베라트롤	항산화·항스트레스 작용, 혈관 보호	포도, 레드 와인, 블루베리, 땅콩
테아닌	신경 흥분 억제, 심리적 안정감 제공	녹차
황화합물 (설포라판 등)	스트레스 완화·해독 작용	브로콜리, 콜리플라워, 양배추, 케일 등
리그난	호르몬 균형 조절·항염증 작용, 스트레스 호르몬 분비 조절	아마 씨, 참깨, 호밀, 귀리 보리, 대두, 렌틸콩
테르페노이드	심리적 안정과 스트레스 완화에 도움, 아로마테라피 효과로 신경계 안정	감귤류 껍질, 라벤더, 레몬밤, 로즈마리, 정향 등

프로바이오틱스와 프리바이오틱스

장 건강과 관련하여 최근 주목받는 분야 중 장내 미생물군이 있다. 건강한 식단은 장내 미생물군의 구성과 다양성에 직접적인 영향을 미치며, 우리 몸의 염증 반응과 질병 발생 위험에도 영향을 미친다. 특히 스트레스를 줄이고 장내 균형을 유지하려면 음식이 중요하다.

장내 미생물군 중 건강에 이로운 균을 '프로바이오틱스probiotics', 이들의 먹이가 되는 성분을 '프리바이오틱스prebiotics'라 부른다. 프로바이오틱스를 섭취하면 유익균을 직접 장에 공급할 수 있고, 프리바이오틱스를 충분히 섭취하면 장내 유익균의 활동을 촉진해 미생물군의 균형을 유지할 수 있다.

프리바이오틱스 역할을 하는 식품은 이눌린, 펙틴, 베타글루칸 같은 난용성 식이섬유가 풍부한 통곡물, 채소, 과일, 콩류, 해조류, 버섯류 등이다. 난용성 식이섬유는 장내 미생물에 의해 젖산, 낙산, 프로피온산 같은 단쇄지방산SCFA, short chain fatty acid 으로 분해되며, 단쇄지방산은 유해균 증식을 막고 장의 면역 조절 기능을 강화한다. 또 대장의 pH를 낮춰 산성 환경을 조성하고, 나트륨과 수분 흡수 조절, 칼슘 등 무기질의 흡수율을 높인다. 조절 T세포의 활성을 도와 대장의 염증을 억제하고, 대장암 예방에도 기여한다.

하지만 식품첨가물이나 방부제가 많이 들어간 초가공식품은 장내 미생물에 해로운 영향을 끼친다. 미국 워싱턴대학교 의과대학 크리스토퍼 댐먼Christopher Damman 박사는 가공 음료나 과자 등 초가공식품이 유익균을 굶기고 유해균을 증식해 건강을 해친다고 경고했다. 고지방·고단백 육류 중심 식단이나 정제된 가공식품도 장내 환경을 악화시키고, 유해균 증식으로 발암물질 생성과 면역 기능 저하 등으로 이어질 수 있다.

반면 식이섬유가 풍부한 잡곡과 채소, 과일 등 채식 위주 식단은 장내 유익균의 생장을 도와 장내 생태계를 건강하게 유지하는 데 도움이 된다. 일본 NHK 방송에서 소개한 장수촌 유즈리하나 노인들의 장내 미생물군에는 비피더스균이 많았으며, 이들의 식단은 감자와 고구마, 도토리, 마 등 식이섬유가 풍부한 식품이 주를 이루었다. 이처럼 식이섬유는 유익균 증식에 필수적인 성분이다.

장 건강은 곧 전신 건강으로 이어진다. 장내 미생물군이 건강하면 염증을 억제하고 면역력을 높이며, 반대로 장내 환경이 나쁘면 각종 질환의 위험이 높다.

장내 미생물과 파이토케미컬

최근 국내 연구에 따르면, 컬러 채소와 과일에 함유된 파이토케미컬이 장내 미생물-장-뇌 축microbiome-gut-brain axis을 통해 뇌 신경 염증을 억제하고, 신경세포의 생존을 도와 알츠하이머병 발병을 늦추거나 위험을 낮출 수 있는 것으로 나타났다.

우리나라가 초고령사회로 진입하면서 치매 유병률도 높아지고 있다. 컬러 푸드 중심의 식물성 식단은 장 건강뿐 아니라 뇌 건강을 지키는 데도 큰 의미가 있다. 날마다 식탁에 색이 살아 있는 자연식품을 올리는 것이야말로 우리 몸과 마음의 건강을 지키는 가장 실용적인 방법이다.

파이토케미컬의 주요 역할, 장내 미생물과 파이토케미컬의 상호작용은 아래와 같다.

① 대장까지 도달하는 파이토케미컬

파이토케미컬은 대부분 소장에서 흡수되지만, 대장까지 도달하기도 한다. 대장에서 장내 미생물이 이들을 분해하거나 대사하여 생리 활성이 높은 2차 대사산물로 전환한다. 예를 들어 폴리페놀은 장내 미생물에 의해 페놀릭산이나 플라보노이드 대사산물로 변환하며, 이 중 일부는 원래 성분보다 강력한 항산화·항염 효과를 발휘하기도 한다.

② 장내 미생물 다양성과 균형 유지

파이토케미컬은 장내 미생물의 다양성과 균형 유지에도 기여한다. 유익균의 증식을 돕고, 유해균의 성장을 억제함으로써 장내 환경을 건강하게 만든다. 예를 들어 녹차의 카테킨 성분은 유익균인 비피도박테리아와 락토바실러스의 성장을 촉진하고, 유해균인 클로스트리디움의 증식은 억제하는 것으로 알려져 있다.

③ 항산화·항염증 작용

장내 미생물에 의해 생성된 파이토케미컬의 2차 대사산물은 장 점막을 보호하고 염증을 완화하는 데 효과적이다. 이런 항산화·항염증 작용은 장 누수 증후군, 염증성 장 질환IBD 등 장 관련 질환의 예방과 개선에 긍정적인 영향을 미친다. 장 점막이 건강하게 유지되면 전신 염증을 낮추는 데도 도움을 준다.

④ 장 점막 세포 재생 촉진

파이토케미컬은 대사를 넘어 프리바이오틱스처럼 작용하면서 유익균의 먹이가 되어 이들의 증식을 돕는다. 장내 미생물과 상호작용으로 장 점막 세포의 재생을 촉진하고, 장벽의 투과성을 낮춰 장 누수도 예방한다. 이 과정에서 생성되는 활성 대사산물은 장내 염증을 완화하고 면역 균형을 유지하는 데 기여하며, 지방 대사와 혈당 수치 조절 등 대사 건강에도 긍정적인 영향을 미친다.

장 건강을 위한 식습관

1. 식이섬유 섭취 늘리기

- 통곡물: 귀리, 현미, 통밀

- 채소: 브로콜리, 당근, 시금치

- 과일: 사과, 바나나, 딸기

- 콩류: 렌틸콩, 병아리콩

2. 발효 식품 자주 섭취하기

김치, 된장, 낫토, 요구르트, 사우어크라우트, 치즈 등 발효 식품을 식단에 포함

3. 다양한 음식 섭취하기

- 한 끼 식사에 다양한 식품군 포함

- 제철 채소와 과일 섭취하기

4. 폴리페놀이 풍부한 음식 섭취하기

녹차, 블루베리, 카카오, 포도 등

5. 가공식품 줄이기

패스트푸드, 햄이나 소시지, 베이컨 등 가공육, 식품첨가물이 많은 인스턴트식품을 줄이고 자연식품 위주의 식단 실천

6. 설탕과 인공감미료 섭취 제한하기

탄산음료, 설탕이 첨가된 가공식품 제한

7. 건강한 지방 섭취하기

- 연어, 고등어, 치아 씨, 아보카도, 호두, 들깨 등 섭취

- 튀긴 음식 섭취 제한

8. 하루 1.5ℓ 이상 수분 섭취하기

충분한 수분 섭취로 건강한 장내 환경을 유지할 수 있게 한다.

9. 알코올 섭취 최소화

10. 항생제 남용 피하기

∘ 의사의 처방에 따라 복용하고 남용하지 말기

∘ 항생제를 먹인 가축의 고기 섭취 제한

파이토케미컬과 장내 미생물의 상호작용

파이토케미컬	주요 식품	장내 미생물과 상호작용	건강 효과
폴리페놀	녹차, 블루베리, 포도, 다크 초콜릿	유익균 증식, 유해균 억제, 장내 염증 억제, 항균 작용 * 녹차 카테킨 → 대사 후 염증 억제, 항암 작용	장 염증 완화, 장내 환경 개선, 항암 효과
플라보노이드	감귤류, 사과, 양파	락토바실러스 등 유익균 증식 촉진, 대사산물은 항산화 작용 강화	장내 환경 개선, 항산화 작용 강화
카로테노이드	당근, 토마토, 고구마, 호박	장내 미생물에 의해 대사산물로 전환되어 항산화 활성이 높아짐	장 점막 보호, 세포 손상 예방
글루코시놀레이트	브로콜리, 케일, 양배추	장내 미생물이 대사를 통해 이소티오시아네이트 생성, 유익균 다양성 유지	항암·항염 작용, 유익균 다양성 증가
안토시아닌	블루베리, 자두, 자색 고구마	유익균 증식 촉진, 장내 항염 작용, 대사산물인 페놀릭산은 항산화 효과 강화	염증 완화, 항산화 작용 강화

레스베라트롤	포도, 땅콩, 다크 초콜릿	장내 미생물이 대사를 도와 항산화·항염 효과 증진, 유익균 다양성 향상	항산화·항염 작용, 장내 미생물 다양성 유지

장내 미생물 건강에 도움을 주는 영양소

① 비타민

(1) 비타민 D

역할: 장 점막의 면역 체계 방어 강화

유익균의 증식을 돕고 장내 염증 억제

함유 식품: 연어, 달걀, 비타민 D 강화 우유, 버섯

효과: 장내 균형을 조절하고, 염증성 장 질환 예방에 도움

(2) 비타민 B

역할: 에너지대사와 장 점막 세포 유지에 필수적

장내 미생물이 직접 합성하여 우리 몸에 제공(예: B_7, B_{12}).

함유 식품: 통곡물, 견과류, 녹색 잎채소, 육류

효과: 장내 미생물 다양성 유지, 장벽 강화

(3) 비타민 K

역할: 장내 미생물이 합성하는 비타민으로 혈액응고와 뼈 건강에 도움. 유익균과 상호작용이 중요

함유 식품: 브로콜리, 시금치, 녹색 채소

효과: 장내 미생물 활성화, 대사 기능 강화

② 미네랄

(1) 마그네슘

역할: 장 연동운동을 촉진하여 장내 음식물 흐름 개선

미생물 대사에 필요한 효소 활성화

함유 식품: 견과류, 씨앗류, 바나나, 아보카도

효과: 변비 예방, 장내 환경 조절

(2) 아연

역할: 장 점막 세포 재생과 면역 기능 강화

장내 유해균 억제, 유익균 증식 지원

함유 식품: 굴, 해산물, 호박씨

효과: 장벽 보호, 염증 완화

(3) 철분

역할: 산소 운반과 에너지대사에 필수적

일부 유익균의 대사 활동 지원

함유 식품: 해산물, 달걀노른자, 시금치, 렌틸콩

효과: 빈혈 예방, 피로 개선, 면역 기능 유지

주의: 지나친 철분 섭취는 유해균 증식을 촉진할 수 있어 균

형 중요

(4) 셀레늄

역할: 강력한 항산화 작용으로 장내 염증 억제

유익균 성장 촉진

함유 식품: 브라질너트, 해산물, 곡물

효과: 면역 체계 강화, 장내 환경 안정화

③ 항산화 미량영양소

(1) 비타민 C

역할: 강력한 항산화제로 장내 미생물 대사 활성화

장내 염증 억제, 점막 보호

함유 식품: 감귤류, 딸기, 브로콜리, 피망

효과: 장내 미생물의 다양성과 균형 유지

(2) 비타민 E

역할: 장벽 세포를 산화 스트레스로부터 보호

유익균과 상호작용으로 항염 작용 강화

함유 식품: 아몬드, 해바라기 씨, 식물성기름

효과: 장내 염증 감소, 유해균 억제

④ 기타 영양소

오메가-3 지방산

역할: 장내 염증을 완화하고 장벽 강화

유익균 증식 지원

함유 식품: 연어, 고등어, 치아 씨, 아마 씨, 들깨, 호두 등

효과: 장내 환경 개선, 염증성 질환 예방

항노화와 파이토케미컬

노화란 무엇일까?

노화의 사전적 의미는 '질병이나 사고에 의한 것이 아니라, 시간의 흐름에 따라 생체 구조와 기능이 쇠퇴하는 현상'이다. 노화는 태어난 순간부터 시작된다고 할 수 있지만, 보통 20대 후반에서 30대 초반에 서서히 나타난다. 이 시기부터 신체 기능과 세포 재생 능력이 점차 감소하는 것으로 알려져 있다.

세포 입장에서 보면 재생 속도가 느려지고, 손상된 세포를 회복하는 능력이 떨어진다. 피부, 근육, 뼈, 심혈관계, 신경계 등의 기능이 약해지고 호르몬 분비도 감소한다. 이런 변화는 유전적 요인뿐만 아니라 생활 습관의 영향을 받는다. 따라서 균형 잡힌 식사, 규칙적인 운동, 충분한 수면, 스트레스 관리 등 생활 습관의 개선은 노화 속도를 늦추는 데 중요한 역할을 한다.

우리 몸은 약 37조 개 세포로 이루어져 있다. 노화는 시간이 지나면서 세포와 조직의 기능을 유지하는 능력이 서서히 떨어지기 때문에 발생한다. 이 과정에는 생물학적·유전적·환경적 요인이 복합적으로 작용한다.

노화의 주요인 중 하나가 활성산소에 의한 세포 손상이다. 세포는 대사 과정에서 활성산소를 생성하는데, 활성산소가 과다하게 발생하면 DNA, 단백질, 지질 등이 손상되어 세포 기능이 약해지고 노화가 촉진된다.

또 다른 요인은 텔로미어telomere 단축과 유전자 손상이다. 텔로미어는 염색체 끝을 보호하는 구조로, 세포가 분열할 때마다 조금씩 짧아진다. 일정 길이 이하로 짧아지면 세포는 더 이상 분열하지 못하고 노화 세포로 바뀌거나 죽는다. DNA 복제 과정에서 오류가 누적되면 세포 기능이 떨어지고 노화 속도가 빨라진다.

미토콘드리아mitochondria 기능 저하도 중요한 요인이다. 미토콘드리아는 세포 내 에너지를 생성하는 기관(에너지 발전소)으로, 나이가 들수록 그 기능이 약해지면 에너지 생성이 줄고 활성산소가 늘어나 노화를 촉진한다.

호르몬 변화 또한 영향을 미친다. 나이가 들면 성장호르몬, 에스트로겐, 테스토스테론 등의 수치가 감소하면서 신진대사와 면역력, 세포 재생 능력이 떨어진다. 더불어 만성 염증 증가도 노화를 촉진한다. 나이가 들수록 면역 체계가 약화되고 미세 염증이 지속되는데, 이는 세포와 조직을 손상한다. 또한 자가 포식autophagy 기능이 저하되어 손상된 세포 성분이 축적되면 조직 기능이 떨어진다.

마지막으로 환경적 요인도 중요하다. 자외선, 흡연, 음주, 잘못된 식습관 등은 세포 손상과 산화 스트레스를 유발해 노화 속도를 빠르게 한다.

왜 사람마다 노화 속도가 다를까?

대다수 사람이 실제 나이보다 젊어 보이길 원한다. 같은 나이라도 사람마다 노화 속도가 다른 이유는 무엇일까?

먼저 유전적 요인이 영향을 미친다. 대표적으로 텔로미어 길이 차이가 노화 속도를 좌우한다. 텔로미어가 짧아지는 속도는 개인마다 다르며, 유전적으로 결정된 부분이 크다.

그러나 연구에 따르면 유전의 영향은 약 20%, 나머지 80%는 환경과 생활 습관의 차이 때문이다. 자외선, 공해, 스트레스 같은 외부 요인과 식습관, 운동, 수면, 흡연, 음주 등 개인의 생활 습관이 노화 속도에 직접적인 영향을 미친다. 따라서 건강한 식사와 규칙적인 운동, 충분한 수면과 스트레스 관리 등으로 노력하면 노화 속도를 충분히 늦출 수 있다.

노화를 늦추기 위한 건강한 식습관

① 항산화 식품 충분히 섭취

항산화 물질은 활성산소를 제거해 세포 손상을 방지함으로써 항노화에 도움을 준다. 그러므로 비타민 C·E, 폴리페놀, 베타카로틴 등 항산화 성분(파이토케미컬)이 풍부한 컬러 채소와 과일, 견과류, 씨앗류 등을 충분히 섭취한다.

② 항염증 식단 유지

염증은 노화를 촉진하는 주요인 중 하나이므로 항염증 식사를 통해 노화 속도를 늦춘다. 등 푸른 생선과 들깨, 호두, 아마 씨에 풍부한 오메가-3 지방산은 염증을 줄이고, 뇌와 심혈관 건강에 도움이 된다. 채소 위주 식단과 더불어 강황, 생강 등 향신료를 자주 섭취한다.

③ 단백질 충분히 섭취

나이가 들수록 근육량을 유지하기 위해 양질의 단백질이 필요하다. 동물성·식물성 단백질을 균형 있게 섭취한다. 닭 가슴살, 생선, 해물, 두부, 달걀, 콩류 등이 좋다.

④ 저열량·고영양 식단 유지

과식은 세포의 노화를 촉진한다. 규칙적으로 소식을 실천하고, 영양가 높은 식품을 섭취한다. 흰쌀밥 대신 현미, 퀴노아, 귀리 등 통곡물을 섭취한다.

⑤ 설탕과 당류, 정제된 탄수화물 섭취 줄이기

정제 당질은 혈당 수치를 빠르게 높여 당화 반응glycation을 일으켜서 피부 탄력을 떨어뜨리고, 세포 노화를 촉진한다. 정제당이 많은 흰 빵, 케이크, 탄산음료, 사탕, 가공식품 섭취를 줄인다.

⑥ 지나친 염분, 트랜스 지방, 가공육, 튀긴 음식 섭취 줄이기

지나친 염분 섭취는 세포의 수분 균형을 무너뜨리고, 혈압을 높여 세포 손상을 초래한다. 트랜스 지방은 가공 기름으로 산화 스트레스를 유발하고 혈관 건강을 악화시켜 노화를 촉진한다. 감자튀김, 치킨, 도넛 등 튀긴 음식도 산화된 지방이 활성산소를 늘려 세포 노화를 촉진한다. 패스트푸드, 마가린, 팜유가 들어간 가공식품 섭취를 줄인다.

⑦ 충분한 수분 섭취

수분은 세포 기능을 유지하고, 노폐물 배출을 돕는다. 하루에 물 1.5~2ℓ를 섭취하고 카페인 음료 대신 허브티나 녹차를 마신다.

⑧ 발효 식품 섭취

장 건강은 면역력과 노화 방지에 핵심이다. 김치, 요거트, 낫토, 된장, 청국장 같은 발효 식품을 자주 섭취하고, 식이섬유가 풍부한 통곡물과 컬러 채소, 과일을 충분히 섭취한다.

⑨ **시간제한 식사**

간헐적 단식은 세포 재생을 돕고 노화 지연에 도움을 줄 수 있다. 하루 식사 시간을 제한해서 공복 상태를 유지하는 시간을 늘린다. 즉 12시간 이상 공복을 유지하는 것이 좋다.

노화 속도를 늦추는 파이토케미컬

● **항산화 작용**

파이토케미컬은 강력한 항산화제로 작용하여, 노화의 주요인인 활성산소를 중화하고 세포 손상을 방지한다. 이를 통해 DNA 손상을 줄이고, 피부와 혈관, 장기 등의 퇴행 속도를 늦춘다.

● **항염 작용으로 세포 보호**

만성 염증은 심혈관 질환, 알츠하이머병, 관절염 등 노화 관련 주요 질병을 유발한다. 파이토케미컬은 염증 반응을 억제해 조직 손상을 줄이고 염증 반응을 정상화한다.

● **세포 수명 연장과 자가 포식 촉진**

파이토케미컬은 세포 자가포식을 유도해 노화 세포를 제거하고, 텔로미어를 보호하여 세포 노화를 늦춘다.

- **세포 복구와 보호 작용**

  세포의 손상 복구 기전을 활성화하여 손상된 세포를 회복시키고 기능을 유지하도록 돕는다.

- **미토콘드리아 기능 개선**

  미토콘드리아 기능을 향상해 세포 내 에너지 생성(ATP 생산)을 최적화하고, 에너지대사 저하에 따른 노화 진행을 늦춘다.

- **세포 신호 전달, 유전자 발현 조절**

  일부 파이토케미컬은 노화에 관여하는 세포 내 신호 전달 경로나 유전자 발현을 조절하여 노화를 늦추는 데 기여한다.

- **피부 노화 예방과 탄력 유지**

  콜라겐 분해를 억제하고, 자외선으로 인한 피부 손상을 줄여 주름 생성을 방지한다. 멜라닌 생성을 조절하여 피부 톤도 균일하게 유지한다.

- **호르몬 조절**

  콩에 풍부한 이소플라본은 여성호르몬과 유사하게 작용하여, 노화에 따른 호르몬 변화의 영향을 줄이고 호르몬 균형을 돕는다.

- **면역력 강화, 질병 예방**

  노화에 따라 약해지는 면역 기능을 향상해 감염과 만성질환의 위험을 낮춘다.

- **혈관 건강 유지, 심혈관 질환 예방**

  파이토케미컬은 혈관 확장과 혈류 개선으로 혈압 상승과 동맥경화 예방에 기여하며, 심혈관 건강을 지킨다.

- **항노화에 효과적인 파이토케미컬**

  카로테노이드: 당근, 고구마, 호박, 시금치

  폴리페놀: 녹차, 포도, 블루베리

  플라보노이드: 감귤류, 사과, 양파

  글루코시놀레이트: 브로콜리, 케일, 양배추

  커큐민: 강황

  케르세틴: 양파, 케일, 사과 껍질

  알리신: 마늘

치매 예방을 위한 MIND(마인드) 식단

우리나라는 최근 초고령사회로 진입했다. 65세 이상 노인 인구가 전체의 20% 이상이라는 의미다. 노인 인구가 증가하면서 치매 환자도 계속 늘고 있다. 2023년 기준 국내 치매 환자는 100만 명을 넘어섰으며, 65세 이상 노인 10명 중 1명이 치매 환자로 나타났다. 치매는 개인의 삶과 가족, 사회 전반에 심각한 영향을 미치는 퇴행성 뇌 질환이다. 가장 가까운 사람을 잊고 결국 자기 자신을 잃어 가는 질환으로, 서서히 신체 기능이 떨어져 일상생활이 어려워진다. 현재까지 완치가 불가능하며, 시간이 지날수록 증상이 악화된다.

그러나 조기 발견과 예방으로 진행을 늦출 수 있다. 치매는 예방이 최선의 치료다. 이를 위해서는 건강한 식습관 MIND, mediterranean–DASH diet intervention for neurodegenerative delay을 유지하고, 규칙적인 운동과 꾸준한 두뇌 활동, 사회적 교류, 스트레스 관리, 충분한 수면 등 일상 속 실천이 필요하다.

마인드 식단은 치매와 알츠하이머병 예방을 목적으로 고안한 것으로, 뇌 건강을 유지하고 인지 기능 저하를 늦추는 데 중점을 둔다. 이는 지중해식 식단mediterranean diet과 고혈압 예방 식단DASH Diet의 장점을 결합한 것으로, 뇌 건강에 좋은 음식을 자주 섭취하고 해로운 음식은 줄이는 것이 핵심이다.

마인드 식단은 미국 러시대학교 메디컬센터 연구팀이 개발했다. 연구 결과, 마인드 식단을 잘 실천하면 알츠하이머병 발병 위험이 최대 53%, 평균 35%까지 감소하는 것으로 나타났다. 마인드 식단은 산화 스트레스와 염증을 줄이고, 뇌세포 보호와 신경전달물질 기능 개선, 혈관 건강 유지, 혈당 조절을 통해 뇌 건강을 지킨다. 인지 기능 유지와 알츠하이머병 발병 위험 감소에도 효과적이다. 항산화·항염증 성분이 풍부하고, 뇌와 심혈관 건강을 동시에 보호해 노화를 늦추고 건강한 삶을 유지하는 데 도움이 되는 식습관으로 평가된다.

마인드 식단을 실천할 때는 튀김 대신 찜, 구이, 조림 등의 조리법을 활용하고, 올리브유(또는 참기름, 들기름)를 적극적으로 사용하는 것이 좋다. 또 설탕과 액상 과당 섭취를 줄이고, 식이섬유가 풍부한 채소와 과일, 통곡물, 콩류 섭취를 늘린다. 마인드 식단은 치매 예방뿐 아니라 전반적인 건강 증진에도 유익하므로, 꾸준한 실천을 통해 건강한 두뇌와 몸을 유지할 수 있다.

한국형 마인드 식단 하루 예시

구분	식사 내용
아침	현미 잡곡밥 + 나물무침 + 두부구이 + 김치 + 블루베리 요거트
점심	잡곡밥 + 고등어조림 + 된장찌개 + 멸치볶음 + 깻잎쌈 + 오이무침
간식	견과류 한 줌(호두, 잣, 땅콩 등) + 블루베리 주스
저녁	귀리밥 + 닭 가슴살 구이 + 브로콜리 나물 + 청국장찌개 + 깍두기
디저트(선택)	레드 와인(오디주나 오디차) 한 잔

마인드 식단 실천법

자주 섭취해야 할 음식 10가지

1. 잎채소(시금치, 케일, 상추, 깻잎, 청경채, 배추 등): 주 6회 이상

2. 기타 채소(브로콜리, 당근, 오이, 파프리카, 무, 버섯, 고추 등): 하루 1회 이상

3. 견과류(아몬드, 호두, 땅콩, 잣 등): 주 5회 이상

4. 베리류(블루베리, 딸기, 오디, 산딸기 등): 주 2회 이상(특히 블루베리 추천)

5. 통곡물(현미, 귀리, 퀴노아, 통밀빵): 하루 3회

6. 생선(연어, 고등어, 참치, 정어리, 굴비 등): 주 1회 이상

7. 콩류(렌틸콩, 병아리콩, 검정콩, 대두, 두부, 청국장 등): 주 3회 이상

8. 가금류(닭고기, 칠면조, 오리고기 등): 주 2회 이상

9. 올리브유: 조리 시 주된 기름으로 사용(참기름이나 들기름으로 대체 가능)

10 와인(선택 사항): 레드 와인 하루 1잔 이하(과음 금지), 포도 주스나 블루베리 주스, 오디주, 매실주로 대체 가능

줄여야 할 음식 5가지

1. 붉은 고기(쇠고기, 삼겹살, 불고기, 갈비, 양고기 등): 주 3회 이하

2. 버터와 마가린: 하루 1큰술 이하

3. 치즈: 주 1회 이하

4. 패스트푸드와 튀긴 음식: 주 1회 이하

5. 과자나 단 음식(빵, 떡, 케이크, 쿠키, 사탕, 아이스크림 등): 주 4회 이하

노화를 늦추기 위한 생활 습관 10

1. 규칙적인 운동

유산소운동: 심혈관 건강 개선과 세포 재생 촉진. 걷기, 조깅, 자전거 타기 등 유산소운동을 주 3회 이상, 1회 30분 이상 꾸준히 실천.

근력 운동: 근육량과 골밀도를 유지하며 근감소증과 골다공증 예방. 웨이트 트레이닝, 스쾃 등을 주 2~3회 실천.

스트레칭과 요가: 관절과 근육의 유연성 강화, 스트레스 감소. 스트레칭 매일 10~15분, 요가 주 3회 40~60분.

2. 충분한 수면

하루 7시간 이상 일정한 수면 패턴을 유지하고, 취침 1시간 전에 스마트폰 사용 줄이기. 깊은 수면은 세포 회복과 호르몬 분비를 도와 노화를 늦춘다.

3. 스트레스 관리

명상, 심호흡, 취미 활동 등을 통해 스트레스 호르몬인 코르티솔 수치 낮추기.

감사 일기를 쓰거나 긍정적인 사고로 심리적 건강에 도움 얻기.

4. 금연과 절주

흡연은 피부 탄력 저하와 혈관 손상을 유발해 노화 촉진.

지나친 음주는 간 손상과 체내 염증을 늘리므로, 소량 섭취하거나 가급적 피하기.

5. 자외선 차단

자외선(UV)은 피부 노화의 주요인. 외출 시 자외선 차단제(SPF 30 이상)를 바르고, 모자와 선글라스 착용하기.

6. 사회적 관계 유지

가족, 친구와 긍정적인 관계 유지, 정기 모임이나 활동 참여.

새로운 사회적 활동이나 봉사 활동으로 소속감 느끼기.

7. 뇌 자극 활동

독서, 악기 연주, 외국어 학습 등 새로운 지식 습득 활동으로

뇌를 자극해 인지 기능 보호.

8. 건강검진, 예방 관리

정기적으로 건강검진으로 만성질환 조기 발견, 관리.

예방접종(독감, 폐렴 등)으로 감염병 위험 줄이기.

9. 환경 독소 최소화

대기오염과 화학물질 노출을 줄이고, 자연 친화적인 환경에서

시간 보내기.

깨끗한 식수와 유기농 식품 선택하기.

10. 영양 보충제 활용

필요 시 전문가와 상담하여 영양 보충제 섭취. 비타민 D는 뼈

건강과 면역력 강화, 오메가-3 지방산은 심혈관계와 뇌 건강, 레

스베라트롤과 NMN은 노화 속도 감소와 세포 기능 개선에 도움.

PHYTOCHEMICAL

Chapter 06

파이토 쿠킹

파이토 쿠킹과 파이토 식이요법

건강한 치유의 식사법

흔히 '건강 음식'이라 하면 유기농 친환경 재료로 만든 음식이나 육류를 제외한 채식 위주 식단을 떠올리기 쉽다. 몸에 해로운 음식을 피하고 건강에 좋다는 음식을 꾸준히 먹는 것을 건강식이라 생각하는 사람이 많지만, 이것만으로 암이나 고혈압, 심장 질환, 당뇨병 등을 예방하기는 어렵다.

진정한 건강식이란 꾸준히 섭취했을 때 몸의 균형이 회복되고 질병이 치유되는 음식이다. 밥과 김치 중심의 단순한 한식이 아니라, 채소와 과일 속 파이토케미컬을 강화한 조리법으로 만든 음식이 이에 해당한다. 다양한 색 채소와 과일, 천연 양념, 양질의 단백질, 좋은 지방, 짜지 않은 조리법이 어우러진 음식이 '파이토 쿠킹phyto cooking'이다. 이는 여러 색깔 식물성 재료 속 파이토케미컬을 충분히 흡수할 수 있도록 고안된 요리법이다.

오늘날 현대인은 운동 부족, 지나친 스트레스, 각종 화학물질 노출 등 건강을 위협하는 환경에 살고 있다. 단순히 가공식품을 피하거나 영양제를 먹는 것만으로 건강을 지킬 수 없다. 건강을 회복하려면 비타민과 미네랄 같은 기본 영양소 외에도 '제7의 영양소'인 파이토케미컬을 충분히 섭취해야 한다.

셀프힐링 파워와 면역 회복의 원리

파이토 식이요법은 현대 의학을 보완하여 환자의 셀프힐링 파워와 면역 기능이 회복될 수 있는 환경을 적극적으로 조성하는 식이요법이다. 이는 단순히 특정 음식을 먹는 차원이 아니라, 손상된 생명력을 근본적으로 재건하는 과정이다.

암이나 만성질환은 하루아침에 생기지 않는다. 최소 10~15년간 누적된 생활 습관과 환경 요인이 작용한 결과이므로, 회복에도 시간이 필요하다. 병든 조직이 재생되려면 수개월에서 1년 이상 걸리며, 적혈구는 약 4개월, 면역 기능은 6개월 이상, 신경조직은 그보다 긴 시간이 필요하다. 따라서 1~2년에 걸쳐 지속적인 식이요법이 필수적이다.

채소와 과일에는 우리가 알고 있는 5대 영양소 외에도 수천 가지 파이토케미컬이 들어 있다. 파이토케미컬은 항암·항산화·항염 작용을 통해 세포를 보호하고 손상된 기능을 복구한다. 효소의 작용을 돕고 유전자의 반응을 조절하여 손상된 세포의 재생도 촉진한다.

파이토 식이요법을 꾸준히 실천하면 세포 손상이 줄고, 손상된 세포가 회복되며, 지나치게 손상된 세포는 자연사 과정을 거쳐 새로운 세포로 대체된다. 이 과정에서 면역력과 셀프힐링 파워가 점차 강해진다. 현대 의학 치료가 증상을 완화하는 동안, 파이토 식이요법은 인체가 스스로 치유할 수 있는 힘을 길러 근본적인 회복을 돕는다.

근본적 치유를 돕는 파이토 식이요법의 실천

파이토 식이요법의 핵심은 파이토케미컬이 풍부한 채소와 과일을 고농축 수프 형태로 섭취하는 것이다. 이렇게 만든 파이토 수프는 흡수율이 높고 많은 채소를 효과적으로 섭취할 수 있다. 약리 효과를 기대하려면 하루 2.5~7kg에 해당하는 채소와 과일을 먹는 것이 이상적이다.

채소는 시장에도 있지만, 약리 효과를 극대화하기 위해서는 유기농 재료를 사용하는 것이 좋다. 수프나 주스로 섭취하면 일반 음식보다 훨씬 효율적으로 파이토케미컬을 흡수할 수 있다. 생채소로 먹을 경우 약 15%만 흡수되고 나머지는 배출된다.

파이토 수프는 질병의 유형과 증상에 따라 재료와 조리법이 다르며, 셀프힐링 파워를 높이도록 설계된다. 일반 음식처럼 맛을 기대하기보다는 약물이나 한약 대신 간에 부담을 주지 않고 해독을 돕는 '고농축 약용 수프'로 이해하면 된다. 올바른 조리 과정을 따르면 충분히 맛있게 즐길 수 있다.

파이토 쿠킹 기본 원칙

① **질병별 맞춤 식재료 사용** 현대인이 많이 겪는 질병(암, 당뇨병, 심장질환 등)에 도움이 되는 파이토케미컬이 풍부한 채소와 과일을 선택한다.

② **흡수율을 높이는 조리법 적용** 각 채소에 함유된 주요 파이토케미컬이 인체에 가장 잘 흡수되는 조리법을 사용한다.

③ **다양한 식품 섭취** 효능이 같은 파이토케미컬이라도 한 가지 식품에 의존하지 말고 여러 식품으로 섭취한다.

④ **육류와 유제품의 제한적 활용** 육류와 버터, 달걀, 유제품 등은 채소를 더 맛있게 많이 먹기 위한 보조 재료로 소량 사용한다.

⑤ **허브를 활용해 염분 감소** 소금을 줄이는 대신 채소나 과일의 풍미와 어울리는 허브를 사용해 맛을 보완하고, 허브의 약리 효과도 활용한다.

파이토 쿠킹 기본 준수 사항

식재료 선택

- 첨가물이 없는 천연 양념과 신선한 제철 재료 사용
- 다양한 색 채소와 과일로 균형 잡힌 식단 구성
- 유기농 식재료는 깨끗이 세척(미생물·유충 제거)

기름과 조리법

- 식용유 최소화, 냉압착 엑스트라 버진 올리브유·아보카도오일·참기름·들기름 사용
    * 고온 조리용: 아보카도오일·정제유
    * 저온 조리용: 엑스트라 버진 올리브유
- 튀김은 피하고 찜·조림·무침 중심으로 조리
- 볶음 시 기름 대신 다시마와 채소 우린 물 사용
- 음식이 타지 않게 조리(탄 음식은 발암 위험)

당·식초·소금 사용

- 당분 최소화: 아가베 시럽, 유기농 꿀, 흑설탕 등 소량 사용
- 자연 발효 식초(사과·포도·발사믹·화이트 와인 식초) 사용
- 볶은 소금·자연 소금(송화·녹차·마늘 소금) 활용, 적당한 염분 섭취
- 허브로 염도 낮추기, 유기농 저염 간장 사용

단백질 식품 선택

- 포화지방산·트랜스 지방이 적은 단백질 섭취

- 동물성 단백질 최소화, 유기농·방목 축산 선택

- 붉은 육류는 피하고 닭 가슴살·해산물·콩류·두부·두유·유정란 활용

조리, 맛 내기

- 간단한 조리법으로 영양 손실 최소화

- 식품 고유의 맛을 살리고, 겨자와 고추냉이 등을 이용한 소스로 풍미 조절

- 조리 중 후추는 즉석에서 갈아 사용

영양 밸런스

- 채소 : 과일 = 85 : 15 비율 유지

- 하루 채소와 과일 10인분(1인분 = 240㎖) 섭취

- 부족할 경우 비타민·미네랄·파이토케미컬 보충제 활용

견과류 활용

- 아몬드, 호두, 캐슈너트, 잣 등 다양하게 사용

- 밥, 소스, 샐러드, 두유 등에 첨가

- 오메가-3 지방산과 비타민 E 보충에 효과적

조리 도구 선택

- 스테인리스, 유리, 자기 등 저온 조리가 가능한 식기 사용

- 알루미늄·플라스틱·압력솥 사용 금지

파이토 쿠킹 기본 조리법

데치기

- 물이 펄펄 끓을 때 짧은 시간에 데친다.
- 수용성비타민의 손실을 막고 모양과 색이 변하지 않게 한다.
  * 녹색 채소는 소금을 약간 넣고 뚜껑을 열고 데쳐서 찬물에 바로 헹군다. 넓은 곳에 펼쳐 놓아야 안의 열이 빨리 식는다.
  * 해산물은 소금물에 살짝 헹군 뒤 데친다.
  * 단단한 재료나 완전히 익혀야 하는 것은 데칠 때 물의 양을 2배 정도 잡는다.

끓이기

- 조리 시간이 길어 영양 손실이 크므로 파이토 쿠킹 조리법으로 바람직하지 않다.
- 영양과 맛, 성질이 잘 보존될 수 있게 적은 양의 끓는 물에 채소를 넣어 조직이 부드러워지면 채소와 삶은 물을 모두 이용한다.
- 채소가 타거나 눌어붙지 않을 정도로 적은 물에 뚜껑을 닫은 상태에서 단시간 조리한다.

찌기

- 재료의 형태를 유지하기 위해 수분 조절이 중요하다.
- 물을 찜기의 60~70% 부어서 찐다.
- 물이 한 김 끓어오른 뒤에 재료를 넣는다.
- 끓이는 것보다 수용성 영양분의 손실은 적으나, 조리 시간이 오래 걸리

므로 열에 의한 비타민의 파괴는 피할 수 없다.

- 채소의 색을 보존하는 데는 다른 조리법보다 좋지 않다.
- 압력솥에 찌면 조리 시간이 단축돼 비타민과 무기질의 손실이 적다.

조림

- 바닥이 넓은 냄비를 사용하며, 뚜껑을 열고 조리한다.

볶기

- 달군 프라이팬에 기름을 두르고 볶는다.
- 재료의 크기가 비슷해야 고루 익는다.
- 익는 시간이 오래 걸리는 것부터 볶는다.
- 기름은 재료의 3~5% 이하로 사용한다.

간하기

- 소금은 같은 양이라도 한꺼번에 넣는 것보다 각각 재료를 넣을 때 조금씩 넣으면 양을 줄일 수 있다.

채소 우린 물 만들기

재료   무 200g, 대파 2줄기, 양파 1개, 마른 표고버섯 3~5개,
마늘 5~6쪽, 다시마 5×5cm 2장, 물 2500㎖(재료의 약 3배)

만들기 ① 모든 재료를 씻어서 적당한 크기로 자른다.

② 다시마를 뺀 나머지 채소를 한데 넣고 물을 부어 30분 정도 끓인다.

③ 다시마를 넣고 15분간 더 끓인다.

＊ 채소 우린 물이 없을 때는 마른 표고버섯을 따뜻한 물에 30분쯤 담갔다가 건지고 그 물을 사용해도 좋다.

채소 주스(생즙) vs. 스무디

구분	채소 주스(생즙)	스무디
조리법	착즙기로 채소와 과일의 액즙 추출, 섬유질 제거	블렌더에 통째로 갈아 모든 성분 포함
영양분	비타민, 미네랄, 효소, 파이토케미컬이 풍부하지만 섬유질은 거의 없음	비타민, 미네랄, 파이토케미컬 외 식이섬유와 단백질 보충 가능
소화·흡수	빠르게 소화·흡수되어 해독, 비타민과 미네랄 보충에 효과적	소화가 느리고 혈당 상승 완만, 포만감 높음
포만감	낮음 → 간식·영양 보충용 적합	높음 → 식사 대용 가능

혈당 반응	빠르게 상승(과일 비율 높을수록 심화) → 채소 비율 높이기 권장	섬유질 덕분에 혈당 상승 완만, 당뇨 관리에 유리
섭취 시점	착즙 후 바로 마시는 것이 영양 보존에 유리	요거트, 두유, 견과류, 아보카도 등을 넣어 균형 잡힌 식사 가능
추천 상황	빠른 영양 공급, 해독 목적	포만감·혈당 관리, 균형 잡힌 식사 대용

생즙(녹즙) vs. 채소 수프

구분	생즙(녹즙)	채소 수프
조리법	채소와 과일을 생으로 착즙, 섬유질 제거	채소를 익힌 뒤 블렌더로 갈아 부드럽게 조리
영양분	비타민 C와 엽록소, 효소, 파이토케미컬 풍부하나, 식이섬유 적음	식이섬유 포함, 비타민·미네랄 보충 가능(일부 손실 있음)
소화·흡수	빠르게 흡수되어 해독·면역력 강화에 효과적	익혀서 소화가 잘되고 속이 편함
혈당 반응	섬유질이 없어 혈당 상승 빠름, 단독 섭취 시 주의	섬유질 덕분에 혈당 상승 완만
포만감	낮음	높음 → 콩·감자 추가 시 식사 대용 가능
체질 적합성	차가운 성질로 위나 소화력이 약한 사람에게 부담	따뜻한 음식으로 소화력이 약한 사람에게 적합
장점	비타민·효소 손실 없음, 빠른 영양 보충	소화 용이, 장 건강과 면역력 강화
단점	섬유질 부족, 혈당 급상승 가능	열 조리로 일부 영양소 손실
추천 상황	빠른 해독, 피로 회복, 아침 공복용 음료	균형 잡힌 영양, 포만감 있는 한 끼 식사, 위가 예민할 때

당근

🥕 당근즙

재료 당근 2~3개(320~480g), 생수 100㎖(믹서 사용 시)

만들기 **1** 당근을 깨끗이 씻어 적당히 길게 자른다.

2 ①을 착즙기에 넣어 즙을 짜거나, 믹서에 갈아 체에 거른다.

3 ②를 원액 그대로 마시거나 생수를 약간 섞어 부드럽게 조절한다.

＊ 사과 1개를 넣으면 자연스러운 단맛이 나서 당근즙이 훨씬 맛있다.

＊ 당근 사과즙에 레몬즙 1작은술을 넣어 상큼한 맛을 더한다.

🥕 해독 당근즙

재료 당근 2개(320g), 셀러리 1줄기(잎도 같이 사용), 오이 1/2개(100g),
레몬즙 1작은술, 생강 1조각

만들기 **1** 당근과 셀러리, 오이, 생강을 깨끗이 씻어 적당히 자른 다음 착즙기
에 넣어 즙을 짜거나 믹서로 간다.

2 ①을 체에 걸러 즙만 받는다.

3 마시기 전에 레몬즙을 넣는다. 생강이 들어가서 톡 쏘는 맛이 나므
로 따뜻한 물과 함께 마셔도 좋다.

🥕 당근 스무디

재료 당근 1개(160g), 바나나 1개(120g), 플레인 요거트 1/2컵(100㎖),
아몬드 밀크나 생수 1/2컵(100㎖), 견과류 한 줌(아몬드, 호두 등 25g),
아가베 시럽 1작은술(선택, 꿀 사용 가능)

만들기
1 믹서에 모든 재료를 넣고 곱게 간다.
2 잔에 담아 신선하게 즐긴다.

* 포만감이 높아서 아침 식사 대용으로 좋다.

🥕 당근 수프

재료 당근 5~6개(900g,) 양파 1½개(350g), 감자 1개(150g),
채소 우린 물이나 표고버섯 우린 물 1000㎖, 레몬즙 1작은술,
생강즙 1½작은술, 올리브유 약간

만들기
1 당근과 양파, 감자는 잘게 썰어 놓는다.
2 달군 냄비에 올리브유를 두르고 양파를 약한 불에서 투명해질 때
까지 볶는다.
3 ②에 당근을 넣고 5~6분 저어 가며 익힌다.
4 ③에 채소 우린 물과 감자를 넣고 센 불에서 끓인다. 한소끔 끓어
오르면 약한 불로 25분 정도 끓인 후 식으면 블렌더로 간다.
5 먹기 전에 ④를 다시 한번 끓이고 레몬즙과 생강즙을 넣는다.

* 눈 질환(백내장, 노안 등), 각종 암, 당뇨, 고콜레스테롤 혈증, 피부 질환 등에 좋다.

🥕 당근 생강 수프(면역력 강화 수프)

재료 당근 3개(480g), 감자 1개(150g), 양파 1개(200g), 마늘 2쪽,

생강 1조각(1cm 정도, 강한 맛을 원하면 더 추가), 올리브유 1큰술,

채소 우린 물이나 생수 500㎖, 소금·후추 약간씩

만들기
1 당근과 감자는 작게 깍둑썰기 한다.
2 양파와 마늘, 생강은 다져서 15분 정도 놔둔다.
3 달군 냄비에 올리브유를 두르고 ②를 볶는다.
4 ③에 당근과 감자를 넣고 5분간 볶아 향을 입힌다.
5 ④에 채소 우린 물을 붓고 끓어오르면 중약불에서 15~20분 끓인다.
6 ⑤를 조금 식혀 믹서로 곱게 간다.
7 소금, 후추로 간을 맞추고 따뜻하게 즐긴다.

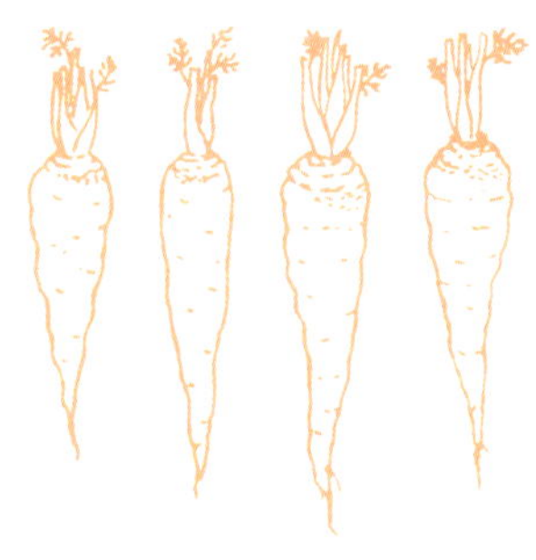

양배추

● 양배추 주스

재료　양배추 5~6장(100g), 사과 1개, 당근 1/2개, 레몬즙 1작은술, 생수 100㎖

만들기
1 양배추와 사과, 당근을 깨끗이 씻어 적당한 크기로 썬다.
2 믹서에 ①과 생수를 넣고 곱게 간다.
3 ②를 체에 걸러 즙만 받거나, 그대로 마신다.
4 레몬즙을 추가하면 맛이 더 상큼하다.

＊ 위 건강과 해독에 좋다.
＊ 사과가 들어가면 단맛이 추가되어 양배추 특유의 향을 줄여 준다.

● 양배추 바나나 스무디

재료　양배추 5~6장(100g), 바나나 1개(120g), 두유나 생수 1/2컵(100㎖),
아가베 시럽이나 꿀 1작은술(선택)

만들기
1 양배추를 깨끗이 씻고, 바나나는 껍질을 벗긴다.
2 ①과 나머지 재료를 믹서에 넣고 곱게 간다.
3 잔에 담아 신선하게 마신다.

＊ 바나나가 들어가면 자연스러운 단맛이 나서 더 맛있다.
＊ 포만감이 높아 다이어트 주스로 좋다.

🟢 양배추 찜과 된장 소스

재료   양배추 1/2통, 물 500㎖, 두부 1/2모, 올리브유 약간

된장 소스 된장 · 다진 파 1큰술씩, 고추장 1/2작은술(선택 사항),

아가베 시럽이나 꿀 · 다진 마늘 · 참기름 1작은술씩

만들기
1. 양배추를 4등분한다.
2. 찜기에 물을 붓고 물이 끓어오르면 양배추를 올려 중간 불에서 7~10분 찐다.
3. 분량의 재료를 모두 섞어 된장 소스를 만든다.
4. 두부를 적당한 크기로 썰어 물기를 없애고, 올리브유를 두른 팬에 굽는다.
5. 찐 양배추와 구운 두부를 접시에 담고 된장 소스를 곁들여 먹는다.

🟢 양배추 당근 라페

재료   양배추 5~6장(100g), 당근 1개(100g), 고운 소금 1작은술

소스   올리브유 1½큰술, 홀그레인 머스터드 · 아가베 시럽 1/2큰술씩,

레몬즙 1큰술, 후추 약간

만들기
1. 양배추와 당근을 채칼로 썰어 고운 소금을 뿌리고 15~20분 절인다(중간에 살짝 뒤집는다).
2. 채소가 절면 물기를 꼭 짠다.
3. 둥근 볼에 ②와 소스 재료를 넣고 잘 섞는다(냉장 보관).

* 프랑스 가정식인 라페 조리법을 응용해서 만든 건강 샐러드다.

● 양배추 당근 수프

재료 양파 3~4개(500g), 마늘 4쪽(24g), 당근 4개(400g), 적채 800g,
토마토 3개(450g), 드라이 파슬리 1작은술, 월계수 잎 3장, 생수 1080㎖,
후추 약간

만들기
1 양파는 채 썰고, 마늘은 다진다.
2 당근과 적채, 토마토는 적당한 크기로 썬다.
3 예열한 스튜 포트에 생수를 조금 넣고, 채 썬 양파를 충분히 볶는다.
4 ③에 다진 마늘을 볶다가 당근, 적채, 토마토를 넣고 남은 생수를 붓는다.
5 ④에 파슬리와 월계수 잎을 넣고 약한 불에서 30분 정도 끓인다.
6 먹기 전에 월계수 잎을 건지고, 후추로 살짝 간한다.
7 ⑥을 믹서에 갈아서 먹는다.

＊ 양배추와 적채를 반씩 섞어 사용해도 좋다.
＊ 다이어트와 체중 조절, 면역력 강화, 소화기계·심혈관계 질환, 항노화,
눈 건강 개선, 거의 모든 암에 좋다.

🥦 브로콜리 주스

재료　브로콜리(줄기 포함) 1/2개(150g), 배 1/3개(200g), 레몬즙 1작은술,
생수 100㎖

만들기
1 브로콜리는 깨끗이 씻어 한입 크기로 썬다.
2 배는 껍질을 벗기고 적당한 크기로 자른다.
3 믹서에 브로콜리와 배, 레몬즙, 생수를 넣고 곱게 간다.
4 ③을 체에 걸러 즙만 받거나 그대로 마신다.

* 면역력 강화에 좋다.
* 브로콜리는 강한 해독 효과가 있어 간과 장 건강에 도움이 된다.

🥦 브로콜리 사과 스무디

재료　브로콜리 1/2개(150g), 사과 1개(220g), 레몬즙 2작은술,
생수 150～200㎖

만들기
1 브로콜리는 씻어 데친 후 차갑게 식힌다.
2 사과는 껍질째 깨끗이 씻어 씨를 없애고 잘게 썬다.
3 믹서에 모든 재료를 넣고 곱게 간다.

🥦 브로콜리 수프

재료 브로콜리나 콜리플라워 2송이(600g), 양파 2~3개(500g), 마늘 4쪽, 타임 1/2작은술, 채소 우린 물 1200㎖, 후추 약간

만들기
1 브로콜리와 양파는 적당한 크기로 썰어서 10분 이상 둔다.
2 마늘은 다진다.
3 바닥이 두꺼운 냄비에 채소 우린 물을 조금 넣고 달군 뒤 양파와 마늘을 부드러워질 때까지 볶는다.
4 ③에 브로콜리와 타임을 넣고 더 볶는다.
5 ④에 채소 우린 물을 붓고 끓기 시작하면 약한 불로 줄여서 15분 정도 익힌다.
6 ⑤를 적당히 식힌 뒤 블렌더로 갈고 후추로 간한다.
* 간·심혈관계 질환, 백내장과 노화, 암(유방암, 폐암, 대장암 등)에 좋고 활성산소와 독소 제거에 효과적이다.

🥦 브로콜리 감자 수프

재료 브로콜리 1개(약 200g), 감자 2개(300g), 양파 1개(200g), 마늘 2쪽, 올리브유 1큰술, 채소 우린 물이나 생수 500㎖, 소금 · 후추 약간씩

만들기
1 브로콜리와 감자, 양파, 마늘은 작게 썬다.
2 냄비에 올리브유를 두르고 양파와 마늘을 볶는다.
3 ②에 감자와 브로콜리를 넣고 5분 더 볶는다.
4 ③에 채소 우린 물을 붓고 끓어오르면 중약불에서 15~20분 더

끓인다.

5 ④를 믹서에 넣고 곱게 간다.

6 소금, 후추로 간을 맞추고 따뜻하게 즐긴다.

* 감자가 많이 들어가서 든든한 식사가 된다.

 토마토

🍅 생토마토 주스

재료   토마토 2개(300g), 생수 100㎖,

레몬즙·아가베 시럽이나 꿀 1큰술씩(선택)

만들기

1 토마토는 깨끗이 씻고 꼭지를 없앤 뒤 적당한 크기로 썬다.

2 믹서에 모든 재료를 넣고 곱게 간다.

3 체에 거르면 더욱 부드러운 주스를 즐길 수 있다.

4 차갑게 마시고 싶으면 얼음을 넣거나 냉장고에 잠시 둔다.

* 토마토의 신맛이 강할 때 꿀을 추가하면 맛이 부드러워진다.

🍅 익힌 토마토 주스

재료   잘 익은 토마토 3개(450g), 생수 200㎖, 레몬즙 1작은술(선택),

아가베 시럽이나 꿀 1큰술(기호에 따라 조절), 소금 약간(선택)

만들기

1 토마토는 깨끗이 씻고 꼭지를 없앤 뒤 십자 모양으로 칼집을 낸다.

2 ①을 끓는 물에 30초 정도 데쳐 껍질을 벗긴 다음 적당한 크기로 썬다.

3 냄비에 ②와 생수를 넣고 중약불에서 10분 정도 끓인다.

4 토마토가 완전히 무르면 불을 끄고 조금 식힌다.

5 믹서에 ④와 아가베 시럽, 레몬즙, 소금을 넣고 곱게 간다.

* 익힌 토마토는 생토마토보다 라이코펜 흡수율이 높아 건강에 좋다!
올리브유를 한 방울 넣어 마시면 흡수율이 더 높아진다.

* 따뜻하게 마시거나, 냉장고에 넣어 차갑게 마셔도 좋다.

🍅 구운 토마토 수프

재료 토마토 8개(1250g), 붉은 양파 1개(200g), 빨간 피망 1/2개, 마늘 1쪽,
다진 파슬리 4작은술, 채소 우린 물 240㎖, 올리브유 · 후추 약간씩,
소금 1작은술

만들기

1 토마토는 반으로 자르고, 양파는 깍둑썰기, 피망은 씨를 빼고 잘게 썬다. 마늘은 다진다.

2 오븐을 220℃로 예열한다. 오븐용 팬에 종이 포일을 깔고 토마토를 자른 쪽이 위로 가게 놓고 소금, 후추를 고루 뿌린 뒤 30분 정도 굽는다(오븐이 없으면 찜기에 찐다).

3 바닥이 두꺼운 냄비를 달군 다음 올리브유를 두르고 양파와 마늘을 3분 정도 볶다가 피망을 넣고 볶는다. 불을 줄이고 뚜껑을 닫은 채 10분 정도 익힌다.

4 다시 불을 올려 ②와 채소 우린 물을 넣어 끓기 시작하면 약한 불로 줄이고 25분 정도 더 끓인다.

5 식으면 믹서로 갈고 파슬리를 뿌려서 먹는다. 생파슬리가 없으면 드라이 파슬리를 1/2작은술 정도 사용한다.

* 암(전립선암, 폐암, 위암 등), 심장·폐 질환, 노안과 녹내장, 고혈압,
당뇨병, 알츠하이머병 등 신경 변성 질환에 좋다.

🍅 토마토 스무디

재료 토마토 1개(150g), 바나나 1개(120g), 플레인 요거트 100㎖,
아가베 시럽이나 꿀 1큰술, 얼음 적당량(선택)

만들기
1 토마토와 바나나를 적당한 크기로 자른다.
2 믹서에 모든 재료를 넣고 곱게 간다.
3 기호에 따라 얼음을 추가해 시원하게 마신다.

🍅 토마토 당근 수프

재료 토마토 3개(450g), 당근 1개(160g), 양파 1/2개(100g), 마늘 2쪽, 올리브유
1큰술, 채소 우린 물이나 생수 500㎖, 소금 · 후추 · 바질(선택) 약간씩

만들기
1 토마토는 꼭지를 없애고 십자 모양으로 칼집을 낸다.
2 ①을 끓는 물에 30초간 데쳐 껍질을 벗긴다.
3 당근은 껍질을 벗기고 작은 조각으로 썬다.
4 달군 냄비에 올리브유를 두르고 다진 마늘과 양파를 볶는다.
5 양파가 투명해지면 당근을 넣고 2~3분 더 볶는다.
6 ⑤에 손질한 토마토를 넣고 약한 불에서 5분 더 볶는다.
7 ⑥에 채소 우린 물을 붓고, 중약불에서 15~20분 끓인 후 당근이
부드러워지면 불을 끈다.
8 ⑦을 블렌더나 믹서로 곱게 간다. 부드러운 질감을 원하면 체에 거
른다.
9 소금과 후추로 간을 맞춘 후 그릇에 담고 바질을 올려 마무리한다.

케일

🌿 케일 사과 주스

재료   케일(손바닥 크기) 3장, 사과 1개(220g), 생수 200㎖,
레몬즙 · 아가베 시럽(선택) 1큰술씩

만들기
1 케일은 깨끗이 씻어 적당한 크기로 자른다.
2 사과는 깨끗이 씻어 씨를 없애고 껍질째 썬다.
3 믹서에 모든 재료를 넣고 곱게 간다.
4 체에 거르면 더 부드러운 주스를 즐길 수 있다.

🌿 케일 해독 주스

재료   케일(손바닥 크기) 3장, 오이 1/2개(100g), 레몬즙 1큰술, 생강 약간,
생수 200㎖

만들기
1 케일과 오이는 깨끗이 씻어 적당한 크기로 썬다.
2 믹서에 모든 재료를 넣고 곱게 간다.
3 체에 한 번 걸러 마시면 더욱 깔끔하다.

* 쓴맛이 걱정되면 사과와 바나나, 오렌지를 넣고 갈아 달콤하게 먹는다.
* 오이는 수분 보충에 좋고, 생강은 해독 효과를 높인다.

🌿 케일 스무디

재료 케일(손바닥 크기) 3장, 바나나 1개(120g), 아가베 시럽 1큰술(선택),

플레인 요거트 · 아몬드 밀크나 생수 100㎖씩, 얼음 적당량(선택)

만들기 1 케일은 깨끗이 씻고 잘게 썬다.

2 모든 재료를 믹서에 넣고 곱게 간다.

3 컵에 담아 바로 마신다.

＊ 바나나를 넣어 달고 부드럽다.

🌿 케일 양파 수프

재료 케일 8~10장(250g), 양파 3개(600g), 마늘 2쪽, 토마토 3~4개(500g),

감자 2개(300g), 불린 렌틸콩 1½컵, 채소 우린 물 1440㎖, 월계수 잎 1장,

올리브유 · 카옌페퍼(서양고추) · 소금 · 후추 약간씩

만들기 1 양파와 토마토, 감자는 작게 깍둑썰기 한다.

2 마늘은 다지고, 케일은 2cm 너비로 썬다.

3 바닥이 두꺼운 냄비를 달군 뒤 올리브유를 두르고 양파와 마늘을
10분간 볶는다.

4 ③에 토마토와 감자를 넣고 채소 우린 물을 부어 끓어오르면, 불
린 렌틸콩과 월계수 잎을 넣고 약한 불로 줄이고 25~30분 더 끓
인다.

5 ④에 케일을 넣고 10분 더 익힌다.

6 월계수 잎을 꺼내고 소금과 후추, 카옌페퍼로 기호에 맞게 간한다.

7 걸쭉한 수프 형태를 원하면 절반 정도를 블렌더에 갈아 다시 섞고, 씹는 맛이 있는 수프를 원하면 그대로 먹는다.

* 암(폐암, 대장암, 유방암, 백혈병 등), 간·눈·심혈관계 질환, 활성산소와 독소 제거 등에 좋다.

아보카도 스무디

재료 쌈케일이나 시금치 50g, 사과 120g,
생견과류(아몬드, 호두 등)나 씨앗류(호박씨, 해바라기 씨 등) 25g,
아보카도 · 바나나(냉동 바나나 사용 가능) 1개씩, 생수 500~750㎖,
소금 약간, 아가베 시럽 1큰술(선택)

만들기 1 생견과류는 예열한 팬에 살짝 볶고, 사과는 깨끗이 씻어 씨를 제거
하고 껍질째 사용한다.
2 아보카도는 껍질과 씨를 없애고 적당한 크기로 썬다.
3 쌈케일은 잘게 자른다(김이 오른 찜기에 살짝 쪄도 된다).
4 믹서에 모든 재료를 넣고 곱게 간다.
5 컵에 담아 바로 마신다.

* 파이토케미컬과 비타민, 불포화지방산이 풍부하고 든든한 아침 식사
대용으로 좋다.

질병을 예방하려면 파이토 수프 두 가지를 선택해 하루 1200㎖ 이내로 섭취하는 것이 좋다. 처음에는 한 가지 수프를 200㎖ 정도로 시작하고, 소화에 문제가 없으면 2~3일 간격으로 양을 조금씩 늘려 600㎖까지 먹는다. 이후 수프의 종류를 두 가지로 늘린다. 수프는 식사 직전이나 간식으로 먹는 것이 적당하다. 질병 치유를 목적으로 할 경우에는 전문가의 도움을 받아 개인의 몸 상태에 맞는 수프 종류와 섭취량을 처방받아야 안전하고 효과적이다.

아래 수프 레시피는 1인 기준 3~4일 분량이다. 처음에는 레시피의 절반만 만들어 본다. 조리 후 식힌 수프를 한 끼 분량씩 작은 유리병에 나누어 냉장 보관하고, 먹을 때는 중탕으로 데운다. 3일 이상 지난 것은 되도록 섭취하지 않는다.

렌틸콩 수프

재료   렌틸콩 300g, 양파 · 당근 · 토마토 240g씩, 셀러리 120g,
채소 우린 물이나 표고버섯 우린 물 1800㎖,
큐민 · 강황 가루 1/2작은술씩, 올리브유 약간, 소금 2작은술

만들기

1 양파와 당근, 토마토, 셀러리는 잘게 썬다.

2 바닥이 두꺼운 냄비에 올리브유를 두르고, 중간 불에서 양파를 볶다가 당근과 셀러리, 소금을 넣고 6~7분 더 볶는다.

3 ②에 토마토와 렌틸콩, 큐민, 강황 가루를 넣고, 채소 우린 물을 부어 섞은 뒤 센 불로 끓인다.

4 ③이 끓기 시작하면 뚜껑을 닫고 약한 불로 35~40분 더 끓인다.

5 재료가 다 익으면 수프를 식힌 뒤 블렌더로 곱게 간다.

* 심혈관계 질환, 임신부 영양, 변비, 암(특히 유방암), 당뇨병, 비만 등에 좋다.

비트 수프

재료 비트 900~1000g, 양파 300g, 레몬즙 1~3작은술, 생수 960㎖,

채소 우린 물 · 볶은 소금 약간씩

만들기 **1** 양파와 비트는 깍둑썰기 한다.

2 바닥이 두꺼운 냄비를 중간 불로 달군 뒤 채소 우린 물과 양파, 소금을 넣고 5~6분 볶는다.

3 ②에 비트와 생수를 붓고 센 불로 끓이다가, 끓기 시작하면 약한 불로 줄여 20분 정도 더 끓인다.

4 수프가 조금 식으면 믹서로 곱게 간다(곱게 갈수록 맛과 영양이 좋아지고 흡수가 잘된다).

5 ④에 레몬즙을 넣고 잘 젓는다.

* 암(특히 대장암), 지방간, 간·심혈관계·염증 질환 등에 좋다.

🥬 셀러리 당근 우엉 수프

재료   셀러리 150g, 감자 · 당근 300g씩, 무 100g, 우엉 200g,

채소 우린 물 1400㎖, 잣이나 아몬드 가루 약간

만들기   1 셀러리와 감자, 당근, 무, 우엉은 3cm 길이로 썬다.

2 바닥이 두꺼운 냄비에 채소 우린 물을 붓고 ①을 넣어 약한 불에서
1시간 이상 끓인다.

3 ②를 믹서로 간다.

4 ③에 잣이나 아몬드 가루를 뿌려서 먹는다.

* 염증 · 심혈관계 질환, 자가면역질환, 변비, 대장암, 간암 등에 좋다.

🥬 양파 수프

재료   양파 3개(850g), 대파 6줄기(300g), 마늘 10쪽, 채소 우린 물 1200㎖

만들기   1 양파와 대파, 마늘은 가늘게 채 썰어 15분간 둔다.

2 바닥이 두꺼운 냄비에 채소 우린 물을 약간 넣고 달군 뒤 양파를
살짝 볶아 숨이 죽으면 나머지 재료를 넣고 10분 정도 볶되, 타지
않게 불을 조절한다.

3 채소 우린 물을 마저 붓고 센 불로 가열해 끓기 시작하면 약한
불로 줄여 15분 정도 더 끓인다.

4 식으면 블렌더로 곱게 간다.

* 심혈관계 질환(이상지질혈증, 고혈압, 혈액순환 등), 알레르기, 당뇨병, 암(특히
전립선암, 유방암, 난소암, 대장암, 위암, 식도암 등)에 좋다.

들깨 버섯 수프

재료   들깨 간 것 120g, 무 100g, 말린 표고버섯 · 깻잎 50g씩,
된장 · 다진 마늘 1작은술씩, 채소 우린 물 1000㎖

만들기
1 무는 2×2cm 크기, 0.2cm 두께로 썬다.
2 깻잎은 가늘게 채 썬다.
3 바닥이 두꺼운 냄비에 깻잎을 뺀 재료를 넣고 중간 불에서 끓인다.
4 끓기 시작하면 불을 약하게 줄이고 깻잎을 넣은 뒤, 30분 정도 더 끓인다.

* 자가면역질환(크론병, 궤양성대장염, 아토피 등), 심혈관계·염증 질환, 암(특히 대장암, 유방암, 신장암, 간암 등)에 좋다.

아스파라거스 수프

재료   아스파라거스 900g, 대파 3줄기, 올리브유 2작은술, 채소 우린 물 1000㎖,
소금 · 후추 약간씩

만들기
1 아스파라거스와 대파는 5cm 길이로 썬다.
2 바닥이 두꺼운 냄비를 달군 뒤 올리브유를 두르고 대파와 소금, 후추를 넣어 약한 불에서 5분 정도 볶는다.
3 ②에 채소 우린 물과 아스파라거스를 넣고 2~3분 익힌 뒤, 블렌더로 갈아서 식힌다. 이때 아스파라거스는 데치는 정도로 익혀야 풋내가 나지 않고 영양 손실도 막을 수 있다.

* 심혈관계 질환, 빈혈, 숙취, 변비, 당뇨병, 암 등에 좋다.